O FENÔMENO
DAS ABELHAS

Jürgen Tautz

Professor do Centro de Biologia da Bayerischen
Julius-Maximilians-Universität, de Würzburg. Coordenador
do BEEgroup da Bayerischen Julius-Maximilians-Universität.
Pesquisador e presidente da Bienenforschung Würzburg e.V.

O FENÔMENO
DAS ABELHAS

Tradução:
Gerson Roberto Neumann

Revisão técnica desta edição:
Paulo Luiz de Oliveira
Biólogo. Doutor em Agronomia pela Universität Hohenheim,
Stuttgart, República Federal da Alemanha. Professor titular aposentado
do Departamento de Ecologia do Instituto de Biociências da
Universidade Federal do Rio Grande do Sul (UFRGS).

Consultoria e supervisão desta edição:
Aroni Sattler
Engenheiro Agrônomo. Mestre em Fitotecnia pela UFRGS.
Técnico científico aposentado pela Fundação Estadual de Pesquisa Agropecuária/RS.
Professor assistente da disciplina de Apicultura da Faculdade de Agronomia da UFRGS.
Membro efetivo do Comitê Nacional de Sanidade Apícola do Ministério da Agricultura,
Pecuária e Abastecimento (MAPA). Membro efetivo do Comitê Técnico
Científico da Confederação Brasileira de Apicultura.

2010

Obra originalmente publicada sob o título
Phänomen honigbiene (Buzzing with ingenuity: the honey-bee phenomenon)
ISBN 978-3-8274-1845-6

Translation from the German language edition: Phänomen Honigbiene by Jürgen Tautz
Copyright © 2007 Springer-Verlag Berlin Heidelberg
Spektrum Akademischer Verlag is an imprint of Springer Science+Business Media
All Rights Reserved

Capa: *Mário Röhnelt*

Fotografias do original: *Helga R. Heilmann*

Preparação de originais: *Luiz Alberto Braga Beal*

Editora Sênior – Biociências: *Letícia Bispo de Lima*

Editora Júnior – Biociências: *Carla Casaril Paludo*

Editoração eletrônica: *Techbooks*

G229f   Tautz, Jürgen.
          O fenômeno das abelhas / Jürgen Tautz ; tradução: Gerson
       Roberto Neumann. – Porto Alegre : Artmed, 2010.
       288 p. : il. : col. ; 25 cm.

       ISBN 978-85-363-2185-1

       1. Zoologia. 2. Abelhas. I. Título.

                                                 CDU 595.799

Catalogação na publicação: Renata de Souza Borges CRB-10/1922

Reservados todos os direitos de publicação, em língua portuguesa, à
ARTMED® EDITORA S.A.
Av. Jerônimo de Ornelas, 670 – Santana
90040-340 – Porto Alegre – RS
Fone: (51) 3027-7000   Fax: (51) 3027-7070

É proibida a duplicação ou reprodução deste volume, no todo ou em parte, sob quaisquer
formas ou por quaisquer meios (eletrônico, mecânico, gravação, fotocópia, distribuição na Web
e outros), sem permissão expressa da Editora.

Unidade São Paulo
Av. Embaixador Macedo de Soares, 10.735 – Galpão 5 – Vila Anastacio
05035-000 – São Paulo – SP
Fone: (11) 3665-1100   Fax: (11) 3667-1333

SAC 0800 703-3444

IMPRESSO NO BRASIL
PRINTED IN BRAZIL

Apresentação à edição brasileira

A obra *O fenômeno das abelhas* aborda os fundamentos sobre a biologia das abelhas de forma acessível para o público. O seu autor, Jürgen Tautz, é professor no Institute of Behavioral Physiology and Sociobiology da Würzburger Universität, onde dirige o Würzburger Bienengruppe (Grupo de Pesquisas sobre Abelhas). Já nas primeiras páginas desta obra, percebe-se tanto sua competência como biologista comportamental quanto sua habilidade didática, transformando este livro em uma fonte de leitura acessível para um tema complexo. Além disso, foi reconhecido como um dos maiores cientistas da Europa, em 2005 e 2007, ao ser premiado por duas vezes pela European Molecular Biology Organization (EMBO).

Este livro será atrativo e útil para os profissionais que atuam nas mais diferentes áreas das ciências agrárias e biológicas: a simplicidade do texto favorece que os estudantes apreciem alguns princípios que servem de suporte às ciências biológicas e tenham contato com a complexidade dos sistemas biológicos. Algumas imagens dispensam legenda pelo grau de informação que transmitem, o que auxilia o professor na explicação da importância da integração de todas as ciências no estudo dos sistemas biológicos. Para quem atua na área da biologia, fica evidente como os princípios evolutivos atuaram sobre a colônia de abelhas, transformando-a em um superorganismo auto-organizado e adaptativo. Para os apicultores, todas as informações obtidas pelo contato diário com as abelhas são agora explicadas e justificadas nesta obra, indicando a adoção de novas práticas no manejo de colmeias e apiários.

Para a apicultura brasileira com suas abelhas africanizadas – um poli-híbrido resultante do cruzamento das abelhas europeias com as abelhas africanas –, e com um clima tropical com suas floradas peculiares a cada região, algumas informações contidas neste livro devem ser adaptadas a essa realidade. Destacam-se, em especial, as diferenças encontradas na apicultura praticada na Amazônia, no Nordeste e no cerrado, com suas épocas de chuvas ou de secas, em contraste com o Sul, que tem as quatro estações do ano relativamente definidas. Em relação ao capítulo 10, é importante comentar que as abelhas africanizadas são resultantes do cruzamento de *Apis mellifera scutelata* com *Apis mellifera carnica*, e de que as subespécies *Apis mellifera mellifera*, *Apis mellifera ligustica* e, provavelmente, *Apis mellifera caucasica* também influenciaram nesses cruzamentos.

Com o crescimento do despovoamento de colmeias em várias regiões de todos os continentes nesses últimos anos sem causas claramente definidas, levantam-se inúmeras hipóteses que tentam explicar as relações entre os patógenos e o hospedeiro. Nesse contexto, o conteúdo científico desta obra pode auxiliar no direcionamento correto das investigações e deixa claro o papel fundamental das abelhas no serviço de polinização, na produção de alimentos e na manutenção da vida no planeta.

Aroni Sattler

Engenheiro Agrônomo. Mestre em Fitotecnia pela UFRGS. Técnico científico aposentado pela Fundação Estadual de Pesquisa Agropecuária/RS. Professor assistente da disciplina de Apicultura da Faculdade de Agronomia da UFRGS. Membro efetivo do Comitê Nacional de Sanidade Apícola do Ministério da Agricultura, Pecuária e Abastecimento (MAPA). Membro efetivo do Comitê Técnico Científico da Confederação Brasileira de Apicultura.

Apresentação

O livro *O fenômeno das abelhas*, já traduzido em oito línguas, pode parecer, à primeira vista, que aborda somente abelhas melíferas e sua biologia. No entanto, esta obra contém informações relacionadas a alguns princípios básicos e importantes da biologia. As abelhas nos transportam ao âmbito da fisiologia, genética, reprodução, biofísica e aprendizagem, além de fornecerem informações sobre os princípios da seleção natural, que estão por trás da evolução das formas de vida simples para as complexas.

Este livro desfaz a atraente noção das abelhas como ícones antropomórficos de indivíduos ocupados capazes de autossacrifício e nos apresenta a realidade da colônia como um ser integrado e independente – um superorganismo –, com sua inteligência grupal, emergente e um tanto misteriosa. Surpreendemo-nos ao aprender que nenhuma abelha, da rainha à operária estéril, detém a supervisão ou o controle da colônia. Em vez disso, por meio de uma rede de sistemas integrados de controle e retrocontrole e da comunicação entre os indivíduos, a colônia chega a decisões de consenso dos seus membros desde os mais simples aos mais complexos. Realmente, há importantes relações entre a organização funcional de uma colônia de abelhas melíferas e o cérebro dos vertebrados.

O fenômeno das abelhas interessará a muitos leitores. Os naturalistas apreciarão as excelentes fotografias. Os estudantes de biologia devem ler este livro como uma introdução para avaliar os princípios em que se baseiam as ciências biológicas e obter uma pequena amostra do fascínio e da complexidade dos sistemas biológicos. Os apicultores encontrarão aqui os princípios científicos fundamentais da maior parte do comportamento que já lhes é conhecido, além de informações básicas que podem levá-los a reconsiderar algumas práticas tradicionais. Os professores encontrarão ilustrações práticas e compreensíveis dos princípios biológicos básicos e um exemplo de como a compreensão dos sistemas biológicos exige a integração de todas as disciplinas científicas. Os biólogos profissionais apreciarão a reafirmação dos princípios evolutivos, a apresentação da colônia de abelhas como um superorganismo e a seleção natural para esses sistemas. Os que ainda estão convictos dos argumentos criacionistas e do planejamento inteligente podem observar as propriedades dos sistemas complexos adaptativos e auto-organizados.

Todos estão ficando cada vez mais conscientes das mudanças climáticas que estão ocorrendo no planeta. Essas mudanças nos fazem perceber quais são os organismos que estão vivendo no limite. Altamente especializados para os nichos aos quais foram adaptados, até uma mudança ambiental mínima durante um período de tempo relativamente curto pode decretar a extinção dessas formas vivas. Incapazes, nesse período, de produzir gerações suficientes para se beneficiarem das pequenas variações genéticas que talvez lhes possibilitem fugir de seu nicho, esses organismos serão extintos. Pode-se pensar que organismos como os humanos e as abelhas melíferas, que podem exercer algum tipo de controle sobre seu ambiente imediato, seriam favorecidos. Dotados de grande mobilidade, somos capazes de nos mover para onde há conforto de construirmos casas. Porém, estamos todos juntos nisso a fim de evitar o tratamento descuidado em relação ao mundo a que pertencemos.

Nossa exploração dos sistemas naturais, sem a compreensão detalhada desses sistemas e suas vulnerabilidades, perturbou o equilíbrio estabelecido ao longo de milhares de anos. Abandonado, um novo equilíbrio natural será estabelecido, antes que seja tarde demais, mas com frequência isso não é para nosso benefício.

As abelhas melíferas são importantes para nós. Sua falta significa ausência de polinização da maior parte de nossas culturas agrícolas. A ausência de polinização denota a inexistência de frutos e sementes – simples assim. Se as abelhas estiverem em dificuldades, nós também estaremos. E falta pouco para sugerirmos isso. Procederíamos bem compreendendo-as e, por seu intermédio, obtendo uma avaliação mais ampla da enorme complexidade do mundo natural. Este livro é um bom lugar para começar.

Jürgen Tautz, David C. Sandeman

Prefácio

As abelhas fascinam o homem desde que existem registros escritos. Como fornecedoras de mel e cera, são apreciadas há mais tempo. A convivência organizada de milhares de abelhas em uma colônia exerce um fascínio tão grande quanto os padrões dos seus favos regulares e geométricos. Além de colaboradoras zelosas na agricultura, também servem como indicadoras do estado do nosso ambiente e testemunhas de um convívio harmonioso entre o homem e a natureza.

Ao longo dos tempos, as abelhas simbolizaram, em todas as culturas que as conheceram, características positivas e desejáveis, como harmonia, aplicação e abnegação. Hoje a pesquisa moderna revela detalhes que dão às abelhas um ar de "mistério".

Este livro busca mostrar um pouco do fascínio que as abelhas transmitem, ao mesmo tempo, se propõe a relacionar conhecimentos atuais aos já existentes. Deve-se deixar claro, no entanto, que estamos longe de saber tudo sobre as abelhas e mais ainda de compreendê-las completamente.

O fio condutor do livro é a constatação de que as colônias de abelhas apresentam progressos também presentes nos mamíferos.

A abelha é para o homem um *fenômeno*, no sentido mais puro. A palavra *fenômeno*, da raiz grega φαινόμενο (*fänómäno*), significa "algo que se apresenta, que surge", conceito que caracteriza muito bem esse superorganismo: sua natureza mostra-se sempre como "fenômeno" do novo. Quanto mais conseguimos desvendar os mistérios das abelhas, maior é nossa admiração e nosso desejo de aprofundar-nos nesse mundo maravilhoso. Karl von Frisch (1886-1982), o grande decano da pesquisa sobre abelhas, disse acertadamente: "a colônia de abelhas assemelha-se a uma fonte mágica: quanto mais dela se extrai, com mais intensidade ela passa a jorrar".

Se um leitor, depois de ler este livro, observar, com mais calma e atenção, a primeira abelha que encontrar e se lembrar de um ou outro aspecto surpreendente do mundo das abelhas, teremos atingido nosso objetivo.

Agradecemos aos integrantes do BEEgroup Würzburg e à equipe da Editora Elsevier/Spektrum pelo apoio na produção deste livro.

Jürgen Tautz

Sumário

Introdução: A colônia de abelhas é um mamífero em muitos corpos ... 13
As características nas quais se baseia a superioridade dos mamíferos também são encontradas na colônia de abelhas, que constitui um superorganismo.

Guia fotográfico: O menor animal doméstico do homem 21
A abelha não é apenas um fascinante modelo bem-sucedido de evolução biológica: em função da sua capacidade polinizadora, ela também tem extrema relevância econômica e ecológica.

1 As abelhas poderiam ter sido evitadas? 39
A forma de vida das abelhas precisou surgir sob condições adequadas na evolução.

2 A imortalidade multiplicada 47
Toda a biologia das abelhas está preparada para extrair matéria e energia do ambiente e, assim, organizar-se para gerar colônias-filhas da mais alta qualidade. Esse conhecimento central é a chave para compreender os admiráveis progressos e realizações das abelhas.

3 Abelhas: um modelo bem-sucedido 63
As abelhas constituem um grupo extremamente pobre de espécies, mas a sua influência na configuração e manutenção do biótipo é marcante.

4 O que as abelhas sabem sobre as flores 81
O mundo visual e olfativo das abelhas, sua capacidade de orientação e grande parte da sua comunicação giram em torno da sua relação com as plantas floríferas.

5 Sexo das abelhas e as damas de honra 123

O sexo das abelhas é um domínio de sua esfera privada, sobre a qual ainda especulamos mais do que sabemos.

6 Geleia real: padrão da dieta na colônia de abelhas 149

As larvas das abelhas alimentam-se de uma secreção glandular das abelhas adultas, cuja função corresponde à do leite materno dos mamíferos.

7 O maior órgão da colônia: construção e função dos favos 165

As características dos favos são um componente integral do superorganismo e, assim, contribuem para a fisiologia social da colônia.

8 Inteligência planejada 213

A temperatura do ninho é um fator de controle no ambiente criado pelas abelhas, com a qual elas influenciam características de suas futuras irmãs.

9 Qual a importância dos parentes? 243

As estreitas relações de parentesco em uma colônia são consequência, mas não causa de sua formação social.

10 Os círculos se fecham 257

O superorganismo colônia de abelhas é mais do que simplesmente a soma de todos os seus indivíduos. Ele possui características que não são encontradas nas abelhas individualmente. Ao contrário, as características da colônia como um todo, no contexto de sua fisiologia social, determinam e influenciam muitas características das abelhas.

Conclusão: Perspectivas para as abelhas e o homem 281

O genoma da abelha (melífera) já foi totalmente sequenciado. As abelhas formam os elementos estruturais que, nas glândulas da cabeça, são misturados em geleia real (▶ Capítulo 6).

Referências 283

Índice 285

Introdução

A colônia de abelhas é um mamífero em muitos corpos

As características nas quais se baseia a superioridade dos mamíferos também são encontradas na colônia de abelhas, que constitui um superorganismo.

De acordo com os critérios correntes, não há dúvidas de que as abelhas são insetos. E isso desde a sua primeira aparição, já na forma atual, há cerca de 30 milhões de anos. No século XIX, contudo, elas foram classificadas como vertebrados, com base em uma comparação radical que o apicultor e mestre-marceneiro Johannes Mehring (1815-1878) formulou: a colônia seria um "ser individual", correspondendo a um vertebrado. As abelhas operárias seriam o corpo como um todo, seus órgãos de sustentação e digestão, ao passo que a rainha corresponderia aos órgãos sexuais femininos e os zangões aos masculinos.

Essa comparação de uma colônia de abelhas a um único animal originou o conceito de *"Bien"**, com o qual deveria ser expressa a "concepção orgânica de um ser individual": via-se a colônia de abelhas como um todo indivisível, como um único organismo vivo. Para essa forma de vida, o biólogo americano William Morton Wheeler (1865-1937), com base nos seus trabalhos sobre formigas, propôs, em 1911, o conceito de superorganismo (do latim, *super* = além de; do grego, *órganon* = instrumento).

Neste ponto, gostaria de ir além dessa concepção inteligente de uma colônia de abelhas como um superorganismo, proveniente de uma observação minuciosa da natureza, feita por antigos apicultores, e afirmar: a colônia de abelhas não apenas é um "vertebrado" como, mas também possui muitas características de mamíferos. Essa afirmação, que em um primeiro momento pode parecer sem fundamento, não causa mais estranheza, quando se parte não da estrutura corporal das abelhas nem a sua origem, mas sim da investigação desses animais com base na existência de descobertas evolutivas, que tornam os mamíferos o mais jovem dos grupos animais – tão superiores aos outros grupos de vertebrados.

Os mamíferos podem ser distinguidos dos outros vertebrados – e comparados às abelhas – com base na combinação das seguintes características e descobertas recentes:

---

* N. de R. T. Bien é uma palavra alemã, que significa considerar a colônia de abelhas na sua totalidade.

- Os mamíferos possuem uma taxa de multiplicação extremamente baixa, assim como as abelhas (Figura I.1, ▶ Capítulos 2 e 5).

- As fêmeas de mamíferos produzem leite, em glândulas especiais, para alimentar os filhotes. As abelhas operárias, por sua vez, produzem geleia real, em glândulas especiais, para alimentar os filhotes (Figura I.2, ▶ Capítulo 6).

Figura I.1 Uma colônia de abelhas produz apenas poucas rainhas jovens por ano. As rainhas novas saem de células especialmente construídas para elas.

Figura I.2 As larvas das abelhas vivem em um ambiente com cuidados especiais. Elas flutuam em um suco nutritivo, produzido pelas abelhas nutrizes (amas).

- Separado do mundo externo, o útero dos mamíferos representa um meio protetor ajustado para seus descendentes em desenvolvimento. As abelhas oferecem a seus integrantes a mesma proteção no "útero social" do ninho (Figura I.3, ▶ Capítulos 7 e 8).

- Os mamíferos possuem uma temperatura corporal de cerca de 36°C. As abelhas mantêm no útero social as suas pupas em uma temperatura média de 35°C (Figura I.4, ▶ Capítulo 8).

Figura I.3 As características microclimáticas da chocadeira são controladas com impressionante precisão pelas abelhas adultas.

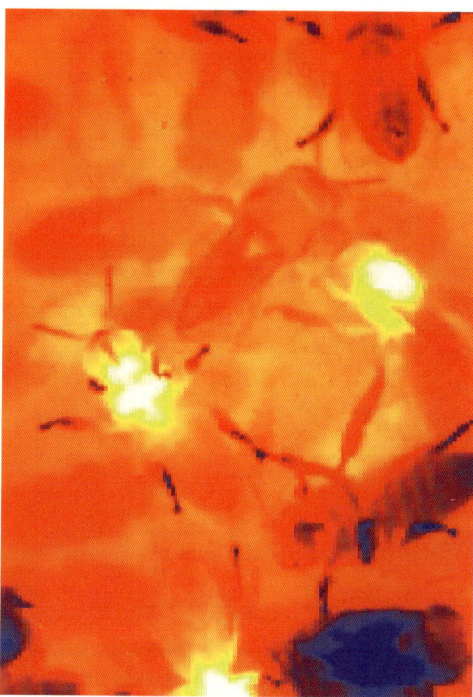

Figura I.4 As abelhas operárias aquecem as pupas, mantendo-as em uma temperatura que, em situação ideal, não difere da dos mamíferos em mais do que 1°C.

- Entre os vertebrados, os mamíferos, com seus cérebros grandes, possuem maior capacidade de aprender e habilidades cognitivas mais desenvolvidas. As abelhas apresentam grande predisposição para aprender, bem como habilidades cognitivas até superiores a de certos vertebrados (Figura I.5, ▶ Capítulos 4 e 8).

Figura I.5 As abelhas aprendem muito rápido onde, quando, qual flor oferece néctar e como ela pode ser explorada de forma mais eficiente.

Não é surpreendente que esta lista de grandes descobertas, por meio das quais é possível caracterizar os mamíferos, incluindo os seres humanos, também se aplique à vida social das abelhas?

A "ideia" de que uma colônia de abelhas pode ser considerada um "mamífero *honoris causa*" ou, melhor dizendo, que individualmente esse superorganismo também desenvolveu estratégias funcionais semelhantes às dos mamíferos faz supor que aqui poderia haver mais do que semelhanças superficiais. De fato é o caso.

Para ver nesse fenômeno mais do que analogias espantosas, talvez sem sentido ou apenas rebuscadas, é melhor começar buscando a finalidade dessas qualidades em comum. No ponto de partida dessa sondagem, está a convicção de que é sensato buscar questões importantes para as quais diferentes grupos animais encontraram soluções iguais.

O ponto de partida das reflexões deve ser, portanto, nós temos a solução; qual é o problema? Nós temos a respostas; qual é a pergunta?

Em relação aos competidores, um grupo de organismos altamente evoluído terá mais vantagem quanto mais independente ele for em relação aos acasos do ambiente, a fim de garantir uma existência segura e duradoura. Os fatores ambientais podem oscilar de maneira imprevisível. Se tais fatores afetarem uma ampla gama de características de uma população, eles adquirem "valor" como fatores seletivos que determinarão a sobrevivência e o sucesso reprodutivo da população. Os organismos mais bem adaptados propagar-se-ão; os menos aptos e menos adaptados desaparecerão. Essa é a base da teoria darwiniana sobre o mecanismo da evolução.

Um organismo está bem desenvolvido quando, diante das direções e forças imprevisíveis das oscilações ambientais, consegue gerar tantos descendentes diferentes quantos for possível. Assim, ele estaria preparado para enfrentar as mais diversas situações. No entanto, se evolutivamente um grupo de organismos consegue adquirir capacidades que lhe permita incorporar e controlar o maior número possível de parâmetros ambientais, pode-se prever que ele se livre das imprevisibilidades do meio. Com isso, ele pode gerar, sem risco, um número pequeno de descendentes. Naturalmente, mamíferos e abelhas pertencem a essa categoria especial.

As abelhas apresentam claras vantagens em relação a outros grupos de organismos, como independência das oscilações na oferta de energia do entorno, por meio de um ativo processo de armazenagem; independência de uma qualidade nutricional instável, pela produção dos próprios alimentos; defesa contra inimigos, mediante o estabelecimento de espaços vitais protetores; independência de influências atmosféricas, por meio do controle dos fatores climáticos no espaço vital criado por elas.

As características aqui mencionadas, "semelhantes às dos mamíferos", concedem a estes e às abelhas uma ampla independência das atuais condições ambientais. Essa independência é alcançada por meio de um gasto correspondente de matéria e energia, bem como de uma complexa organização para a "administração" do todo (▶ Capítulo 10). Por isso, uma taxa de reprodução baixa pode ser compreendida como consequência dessa otimização controlada das condições de vida. Organismos que possuem baixa taxa de reprodução e que são muito competitivos, alcançam, por meio de um pequeno número de descendentes, um tamanho populacional estável no contexto das possibilidades oferecidas pelo *habitat*. Contudo, devido a essa reduzida quantidade de descendentes, a adaptação desses organismos às mudanças das condições ambientais é muito difícil. É possível, no entanto, que esse problema nunca se manifeste, pois eles produziram partes do seu nicho ecológico e promovem sua manutenção, mantendo sob controle fatores ambientais adversos.

Como se isso não bastasse, as abelhas seguiram aperfeiçoando o controle de seu ambiente: em condições ideais, suas colônias tornaram-se potencialmente imortais. Ao mesmo tempo, o superorganismo colônia de abelhas encontrou um caminho para mudar continuamente sua apresentação como um "camaleão genético" (▶ Capítulo 2), para não acabar em um impasse evolutivo.

O controle por meio de retroalimentação é, geralmente, uma marca essencial dos organismos vivos. Cada organismo regula com grande exatidão seu "contexto interno". Nesse sentido, as correntes energéticas, a ciclagem da matéria e os fluxos de informações dentro de um organismo são ajustados em respectivos níveis apropriados. A temperatura do corpo é o resultado de ganho e perda de energia; o peso do corpo é fruto de um balanço de ganho e perda de matéria. No seu livro *The Wisdom of the Body* (1939), W. B. Cannon formulou o conceito de homeostasia para tais parâmetros corporais regulatórios. A subárea da biologia que estuda as bases desses fenômenos regulatórios em organismos é a fisiologia. Transferindo para a análise dos estados regulados em uma colônia de abelhas como superorganismo ("um mamífero em muitos corpos"), a fisiologia social pesquisa se e quais níveis reguladores são aplicados homeostaticamente em uma colônia de abelhas, como isso é realizado em detalhes por elas e para que serve (▶ Capítulos 6, 8 e 10).

A fisiologia dos mamíferos e a fisiologia social das abelhas chegaram a soluções admiravelmente semelhantes. Tais soluções, que surgiram completamente independentes entre si, são definidas como analogias ou convergências. Um exemplo de analogia são as asas dos pássaros e dos insetos. O problema comum cuja solução representou o desenvolvimento da asa chamou-se "movimento pelo ar".

Ao considerar a concordância das características referidas em mamíferos e abelhas, chega-se à pergunta: "Qual é, na verdade, o problema comum que pode ser solucionado com essa gama de fenômenos convergentes?" Nisso fica evidenciado que todas as características mencionadas conferem a mamíferos e abelhas um grau de independência em um ambiente errático como nenhum outro grupo de organismos alcançou até agora. Apesar disso, essa independência controlada não precisa afetar com igual intensidade o ciclo de vida completo dos organismos, mas sim pode restringir-se a estágios especialmente vulneráveis (▶ Capítulo 2).

A fim de criar poucos descendentes com capacidade reprodutiva, mas, para tanto, mais bem preparados e protegidos frente às incertezas das variações ambientais, a colônia das abelhas utiliza artifícios bastante semelhantes aos dos mamíferos. Com esse propósito, as abelhas desenvolveram capacidades e atributos específicos que fazem parte das manifestações mais impressionantes no mundo dos seres vivos. E estamos apenas começando a entender esse emaranhado altamente complexo.

Nas próximas páginas, o leitor encontrará um guia fotográfico que apresentará em detalhes este superorganismo.

Guia fotográfico

O menor animal doméstico do homem

A abelha não é apenas um fascinante modelo bem-sucedido de evolução biológica: em função da sua capacidade polinizadora, ela também tem extrema relevância econômica e ecológica.

A abelha...

... é conhecida cientificamente como *Apis mellifera*, que significa "abelha produtora de mel".

O fenômeno das abelhas **23**

... vive em colônias com cerca de 50.000 indivíduos no verão e aproximadamente 20.000 no inverno.

... visita flores para a colheita de néctar e pólen. Do néctar, produz mel; o pólen é um alimento rico em proteína.

... transporta o néctar no estômago (papo), um determinado trecho intestinal no abdome, e o pólen em pequenos cestos de pólen em uma estrutura especial nas pernas traseiras.

... constrói favos de cera produzida por glândulas. Ela armazena mel e pólen nas células hexagonais dos favos e as utiliza como berçário.

O fenômeno das abelhas | 25

... é importante para o homem como polinizadora de plantas cultivadas.

... é criada pelo homem em colmeias artificiais, das quais são colhidos mel, pólen, própolis e o suco nutritivo conhecido como "geleia real".

Todas as operárias de uma colônia são fêmeas estéreis.

As abelhas machos – zangões – são geradas somente no período de procriação. Sua única função é o acasalamento com as fêmeas.

Cada colônia tem somente uma rainha, que é facilmente reconhecida por seu abdome mais alongado.

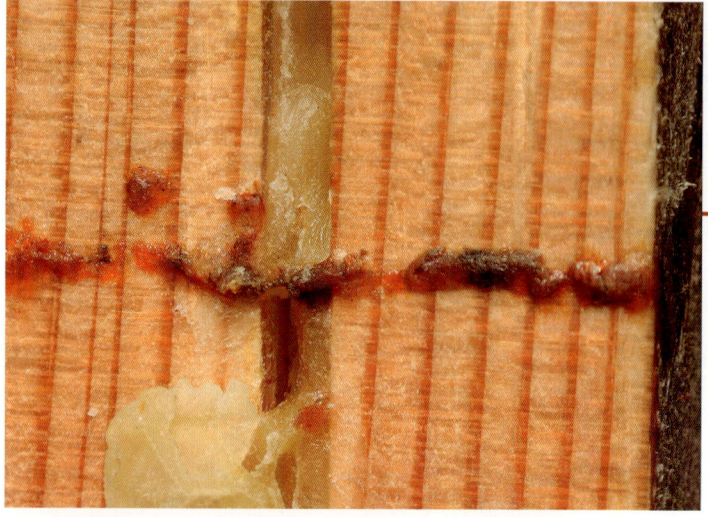

A abelha colhe resina em gemas, frutos, flores e folhas das plantas, que ela emprega na colmeia como uma substância resinosa de vedação, também conhecida como própolis. Essa substância é usada pelo homem para fins medicinais.

A rainha põe um ovo em cada célula, repetindo esse processo até 200.000 vezes por verão.

Dos ovos das abelhas, surgem as larvas, que se tornam pupas assim que atingem tamanho suficiente.

As fêmeas surgem de ovos fecundados; os machos são maiores e nascem de ovos não fecundados.

A operária cumpre várias tarefas em sua vida, por exemplo, na limpeza, na construção, nos cuidados das larvas (tutoria da chocadeira) e como guardiã. Apenas na última fase, como sênior, ela deixa o ninho para realizar colheitas.

O fenômeno das abelhas 31

A tutoria da chocadeira é uma tarefa interna das abelhas operárias.

Abelhas coletoras em atividade externa.

As abelhas comunicam-se usando diferentes sinais químicos e mecânicos, aos quais pertence também a linguagem da dança.

O fenômeno das abelhas   33

No verão, por meio de um suco nutritivo especial, as abelhas geram poucas jovens rainhas, que se desenvolvem em células especialmente construídas para elas. As jovens rainhas são fecundadas apenas uma vez na vida, no seu voo nupcial, por vários zangões.

As abelhas da corte alimentam sua rainha durante toda a vida com geleia real e dedicam-lhe atenção e cuidados.

O fenômeno das abelhas | 35

As abelhas saem em enxame para a multiplicação das colônias. Com isso, a velha rainha deixa o ninho junto com grande parte da colmeia.

As abelhas sobrevivem ao inverno como colônia completa. Elas reúnem-se em um denso aglomerado e aquecem-se pela vibração muscular. A energia necessária para tal provém da reserva de mel.

Para sua defesa, as abelhas podem picar.

Por causa de sua função polinizadora, a abelha é o terceiro animal doméstico mais importante na Europa.

O fenômeno das abelhas   37

A abelha é o agente mais importante para a manutenção da diversidade de plantas floríferas.

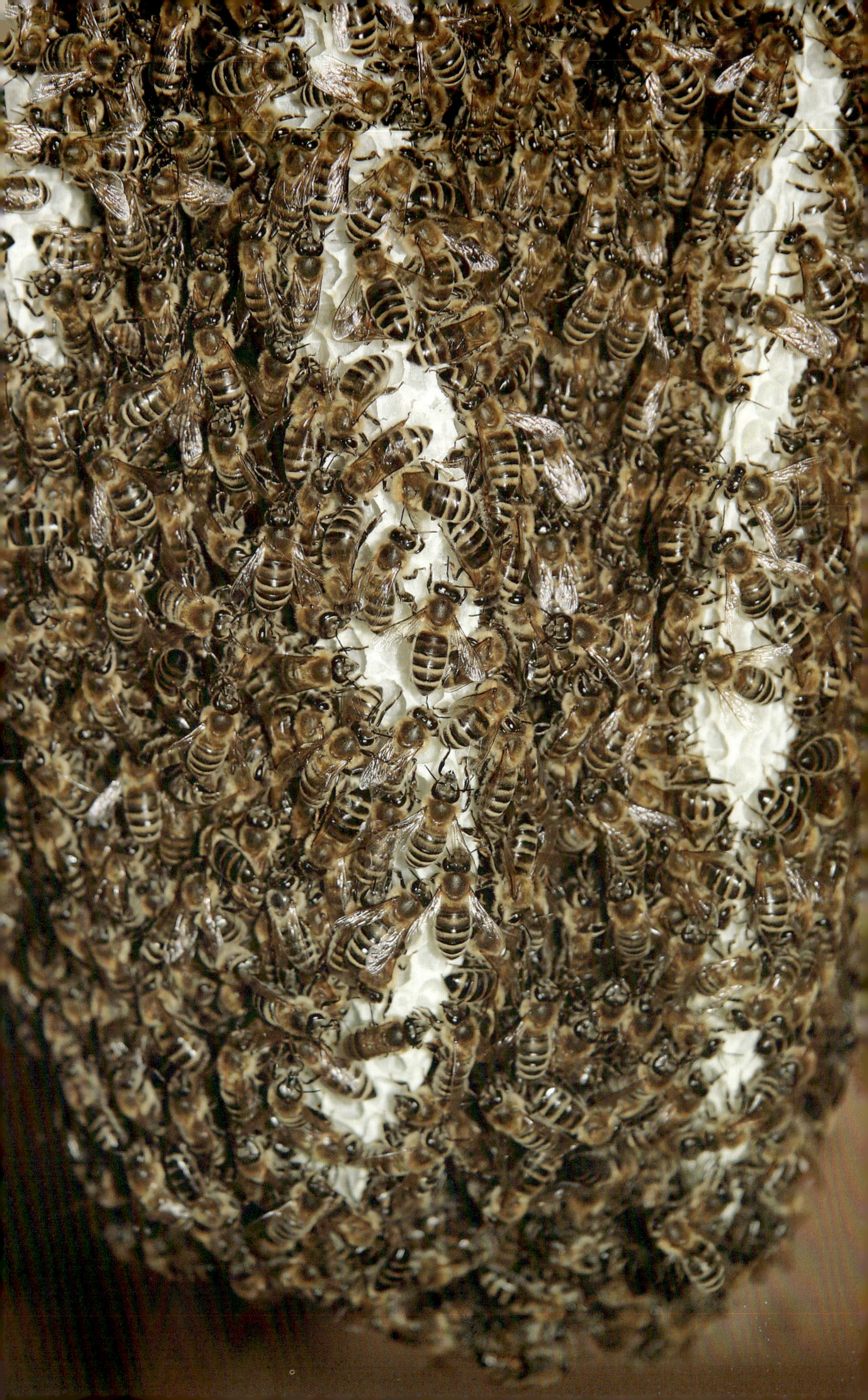

1

As abelhas poderiam ter sido evitadas?

A forma de vida das abelhas precisou surgir sob
condições adequadas na evolução.

O desenvolvimento e a dispersão da vida em nosso planeta transcorrem desde aproximadamente quatro milhões e meio de anos, segundo princípios imutáveis. A partir de regras simples e receitas de fácil compreensão, desenvolveu-se uma esplêndida diversidade e uma admirável complexidade no mundo orgânico.

A força propulsora da dinâmica dessa explosão da vida é a "condenação ao sucesso", onde ser bem-sucedido significa multiplicar-se mais que o competidor direto. Visto de maneira abstrata, multiplicar-se significa realizar cópias de si mesmo. Se o conceito de cópia for tomado literalmente, pode-se pensar apenas em clones. Nesse sentido, no mundo vivo, somente o genoma (material hereditário) pode produzir cópias autênticas de si mesmo. Os ácidos nucleicos (macromoléculas organizadas em muitos elos de uma cadeia) se impuseram como genoma único. Cada elo dessa cadeia consiste de uma base orgânica, de um açúcar e de um ácido fosfórico. Havendo esses constituintes correspondentes no ambiente de uma cadeia, dela pode ser produzida uma cópia negativa e desta novamente uma cópia negativa, que, então, é uma cópia positiva perfeita da cadeia original.

Depois que esse tipo molecular se desenvolveu em nosso planeta e se impôs frente a possíveis alternativas (para nós, contudo, desconhecidas), começou um interessante automatismo: sucessivas cópias de cópias formam uma linha hereditária nunca interrompida ao longo de bilhões de anos, que se estende até os organismos vivos atuais.

É fácil compreender que essas moléculas, capazes de produzir cópias de si mesmas, já competiam por componentes elementares dos quais as cópias eram compostas. Já naquela época, as matérias-primas eram raras ou ficaram escassas conforme a demanda. A macromolécula, que conseguiu contar com moléculas auxiliares sob forma de enzimas, as quais possibilitaram um trabalho de cópia ainda mais rápido e mais econômico, suplantou os competidores. Entretanto, para que pudessem nascer novos tipos moleculares, as cópias precisavam ser exatas, embora não totalmente livres de falhas. Os erros de cópia em quantidade aceitável garantiram a chance de variabilidade, sem a qual nada de novo poderia surgir. Este evento mantém-se até hoje. Mutações que originam cópias defeituosas constituem uma fonte importante para o surgimento de diferentes formas de vida. Por meio de constantes novos desvios, que desaparecem rapidamente quando são desfavoráveis ou sobrevivem quando são favoráveis, nasceu uma abundância de variações de cadeias de ácidos nucleicos. Essas diferentes cadeias contêm as instruções que correspondem às informações genéticas dos organismos e que conduzem às diferentes formas de vida.

Não pode ser ignorado que, após um período evolutivo de mais de quatro bilhões de anos, hoje existam tantas moléculas de ácidos nucleicos das mais diferentes composições de cadeias. Contudo, essas cadeias não existem livremente, mas sim na forma de uma quantidade quase incalculável de diferentes "pacotes".

Qual é a razão para a existência isolada dos ácidos nucleicos escondidos profundamente no interior dos organismos? Não se trata de um ato de discrição: os ácidos nucleicos estão continuamente "indiferentes", ocupados em melhorar sua capacidade de copiar devido à competição direta de ácidos nucleicos semelhantes. De que forma o pacote ajuda nisso?

Procurando-se por características que surgiram durante a evolução, desde o genoma original – desprotegido e autorreprodutor – até as formas de vida atuais, fica evidente que:

- Com o tempo surgem estruturas cada vez mais complexas.
- As estruturas surgidas realizam mais que a soma de suas partes.
- As estruturas podem determinar o comportamento de suas partes.

O genoma em si não se torna, absolutamente, cada vez mais complexo. Essas três afirmações anteriormente citadas sobre aparentes tendências da evolução dizem respeito ao "pacote" – ou o chamado fenótipo – do organismo que o genoma usa para enviá-lo à batalha contra outros organismos sob o mote "sobreviva e se reproduza com mais êxito que os outros".

Como antiga forma complexa de organização, as primeiras células anucleadas formaram-se há cerca de três bilhões e meio de anos. Elas abrangiam o genoma e incluíam muitos componentes funcionais importantes. Células independentes retiravam de seu entorno a matéria e a energia que eram usadas para a multiplicação celular e, com isso, para a multiplicação do genoma. Ainda hoje, encontramos seres unicelulares vivendo livremente; eles desempenham um papel importante, porém discreto, na economia da natureza. Bactérias e seres unicelulares permaneceram nesse estágio da evolução e, aparentemente, conseguem competir com organismos multicelulares, do contrário eles não existiriam mais. A evolução dos organismos multicelulares teve seu início há apenas 600 milhões de anos, ou seja, quase três bilhões de anos após o surgimento das formas de vida unicelulares. Nesse próximo grande passo, as células, originalmente independentes, organizaram-se em seres multicelulares. Ingressando nesse nível mais elevado de complexidade, pode-se imaginar que as células não se separavam completamente umas das outras após a divisão, mas continuavam vivendo em colônias. Por meio desse acontecimento, foram descobertas as vantagens de duas características decisivas: a divisão de trabalho e a cooperação. Assim, surgiram "veículos" com características, com os quais as moléculas do genoma puderam realizar ainda melhor sua própria multiplicação e propagação.

Por meio da união dos componentes existentes surgiram estruturas mais complexas. Porém, por que as estruturas mais complexas deveriam estar em vantagem? E em que deveria consistir a vantagem?

Uma clara vantagem é a oportunidade de transferir diferentes tarefas aos componentes individuais do complexo. Esse tipo de especialização permite resolver simultaneamente vários problemas, em vez de ter que resolvê-los em sequência, como é o caso nos seres unicelulares não especializados. O surgimento dos especialistas, como os diferentes tipos de organismos multicelulares, propiciou então a integração de suas atividades, abrindo possibilidades totalmente novas de relacionamento com o ambiente. Esse foi claramente um passo muito bem-sucedido. Os organismos multicelulares determinam a aparência atual do mundo vivo.

Com o surgimento dos organismos multicelulares, originou-se a morte "programada". Os veículos, que o genoma criou sob forma de organismos, são mortais, o que é um ponto de partida não muito eficaz na permanente luta da competição. Preservar da mortalidade uma parte das células do corpo, e com isso estabelecer uma "linha eterna de cópias", foi uma saída para o dilema de ter que compensar o ganho dos sistemas produtivos com a desvantagem de uma duração de vida limitada. Seres multicelulares delegam a transmissão do genoma a células especializadas, os gametas masculinos e femininos. Assim, surgiram as linhagens que ligam as gerações através dos tempos e tornam a transmissão e a propagação do genoma independentes da morte dos portadores.

A montagem de complexas subunidades a partir de componentes estáveis originou organismos multicelulares que resolveram para o genoma o problema da mortalidade.

Os saltos evolutivos quantitativos apresentados até agora têm algo em comum: a união de componentes em estruturas novas, maiores e mais complexas. De cada vez, é acrescentado um novo nível de complexidade. Com cada novo nível de complexidade abriram-se possibilidades totalmente novas no mundo vivo, nas quais não se pensava anteriormente. Seguindo-se esses passos – a fusão de componentes em estruturas superiores –, o próximo salto quantitativo seria a formação de sistemas vivos ainda mais complexos pela união de organismos independentes em superorganismos (Figura 1.1). Um observador da evolução em nosso planeta poderia ter esperado até que em algum momento surgissem os superorganismos previstos. Esse passo teria de acontecer mais cedo ou mais tarde. A única condição era a existência de matérias-primas apropriadas. Pode-se deixar fluir a imaginação e elaborar um pouco mais esses pensamentos: em algum momento, então, teria de acontecer a união de superorganismos em superorganismos de topo. A evolução, contudo, ainda não chegou neste ponto. Chegará algum dia? Há indícios em determinadas espécies

Figura 1.1 Saltos decisivos quantitativos na evolução da complexidade da vida. Uma linha contínua de elementos que produzem cópias de si e que podem continuar vivendo como cópias (aqui simbolizadas como pontos vermelhos), estendendo-se ininterruptamente do começo da vida até o momento atual. Inicialmente, células individuais detinham a "linha eterna" em seu núcleo, passando o genoma de geração a geração. Quando se reuniram em organismos, essas células foram envolvidas por estruturas cada vez mais complexas, mas a linha continuou através dos seus gametas. Os superorganismos, como as colônias de abelhas, surgiram de organismos individuais, em que a responsabilidade pela continuidade da linha gamética coube apenas às rainhas e aos zangões. Os círculos vazados no diagrama representam os elementos mortais incapazes de fazer cópias de si mesmos, mas desenvolvidos como suporte aos elementos com tal capacidade. Nos organismos individuais, as células somáticas constituem o sistema de suporte; na colônia de abelhas, esse papel é assumido pelas operárias.

Genoma = moléculas que produzem cópias de si mesmas

Célula

Organismo multicelular

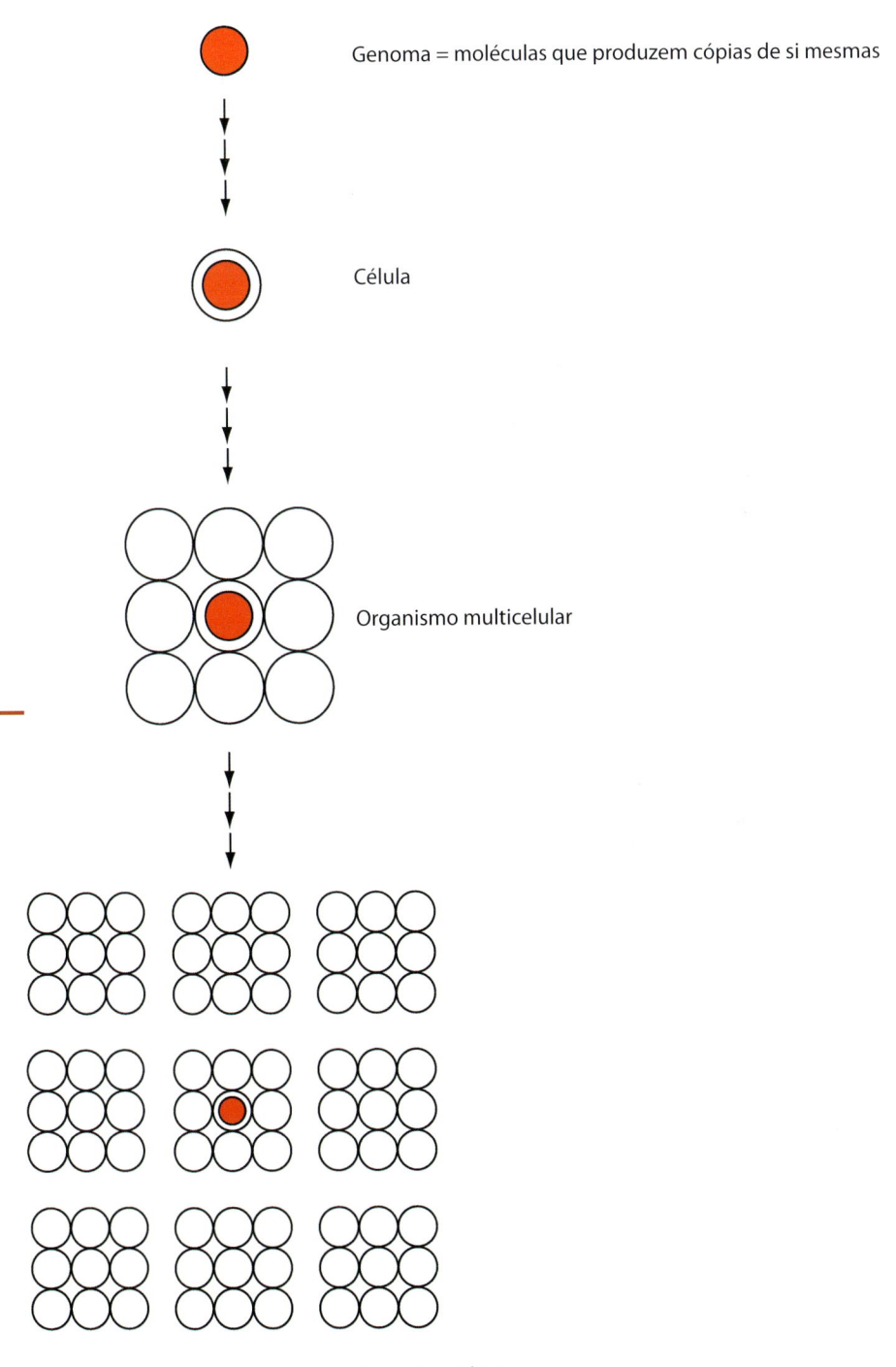

Superorganismo

de formigas de que um desenvolvimento equivalente poderia estar em andamento.

As abelhas, como se apresentam hoje com uma história de aproximadamente 30 milhões de anos, eram inevitáveis. Elas tiveram que "acontecer" em algum momento. Nos detalhes de suas características, elas poderiam ter diferido: elas não teriam a aparência das abelhas de nossos dias, mas não existe qualquer alternativa competitiva à organização básica do "superorganismo colônia de abelhas".

As abelhas puderam "acontecer", no entanto, apenas porque dispunham das condições necessárias para tal. Estimular o surgimento de superorganismos teoricamente é uma coisa, deixá-lo acontecer de fato é outra. Com exceção dos cupins (separados taxonomicamente), superorganismos de notável significado na natureza são encontrados apenas no grupo dos himenópteros – composto pelas formigas, abelhas, mamangavas e vespas. No Capítulo 9 será respondido em que consistem essas condições. Por ora, nos interessam os detalhes do presente; o "domínio do passado" será abordado mais tarde.

Com o superorganismo colônia de abelhas surgiu um sistema altamente complexo, que, como todos os sistemas mais simples, nada mais é do que o veículo para o genoma. Mesmo nesse sistema refinado, o genoma possui o mesmo objetivo que as moléculas no caldo primitivo tinham: sua proliferação deve ser mais bem-sucedida que a do competidor. Moléculas, naturalmente, não perseguem um objetivo. Contudo, ao observar o andamento do processo evolutivo, é possível reconhecer que sobrevivem aquelas unidades que se comportam como se buscassem esse objetivo de se copiar repetidamente. Essa maneira de expressão complicada (mas correta) em nome da simplicidade é substituída por formulações menos complexas (mas incorretas) como "as moléculas morrem depois...", "elas querem...", "elas perseguem o objetivo...".

Assim como os organismos multicelulares passaram para os gametas a função de transmitir o genoma, os superorganismos passaram para indivíduos especializados o cumprimento dessa tarefa. Dessa maneira, surgiram colônias com poucos animais sexuados para a transmissão dos genes e muitos indivíduos que não se reproduzem, mas que exercem importantes funções na manutenção da colônia, bem como na formação e no controle dos indivíduos sexualmente ativos.

Será que estruturas mais complexas, como afirmado antes, realmente têm melhor desempenho do que os seus componentes individuais? Pode-se fazer tal afirmação para abelhas? As estruturas mais complexas, por serem constituídas de unidades elementares, possuem mais componentes que as estruturas mais simples e, com isso, mais possibilidades de interação entre as unidades. Por isso, estruturas complexas, sob condições apropriadas, exibem propriedades que não podem ser explicadas a partir das propriedades dos componentes individuais: o todo é mais que a soma das suas partes, já formulara Aristóteles. Assim, colônias de abelhas, como unidade, podem tomar decisões com base nos fluxos de informações – o que abelhas não poderiam fazer individualmente. O ganho que as abelhas adquiriram por meio da união de muitos indivíduos será visto detalhadamente no Capítulo 10 ("Os círculos se fecham").

Um complexo consegue determinar ou influenciar as características de seus componentes? Isso é igualmente verdadeiro para as colônias de abelhas. As características das abelhas individuais serão determinadas pelas condições de vida criadas pelas próprias abelhas. Os Capítulos 6 e 8 apresentam, em detalhes, essa opção essencial para a biologia das abelhas.

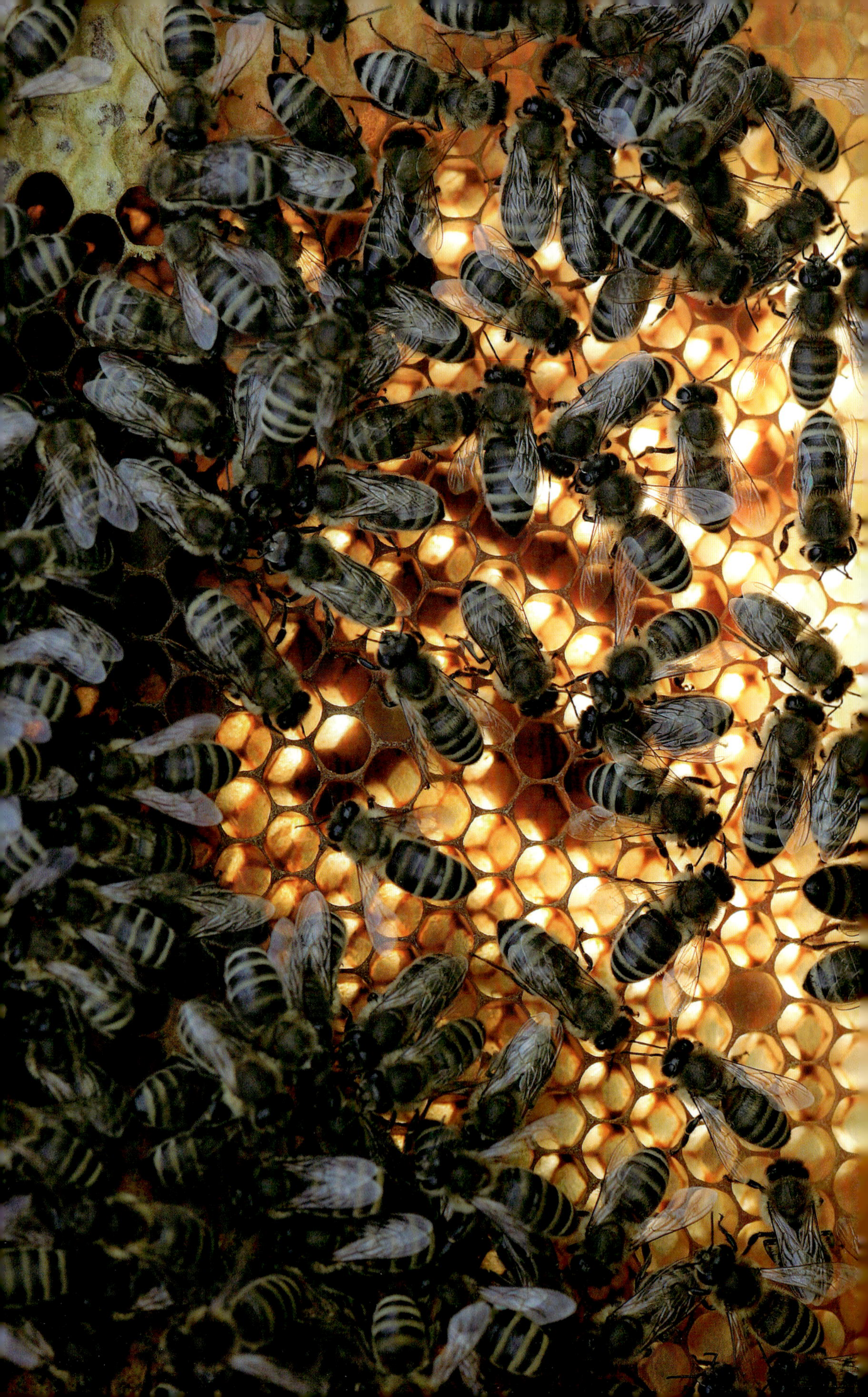

2

A imortalidade multiplicada

Toda a biologia das abelhas está preparada para extrair matéria e energia do ambiente e, assim, organizar-se para gerar colônias-filhas da mais alta qualidade. Esse conhecimento central é a chave para compreender os admiráveis progressos e realizações das abelhas.

Reprodução e sexo são dois processos diferentes e, em princípio, independentes. A reprodução é possível sem sexo e o sexo também é possível sem reprodução. Reprodução é multiplicação, a qual pode ser alcançada de modo mais simples por meio da divisão e do brotamento. Processos sexuais baseiam-se na união dos gametas de dois sexos e, mediante essa nova combinação, levam a um aumento da diversidade em uma população. Essa diversidade é importante para oferecer à seleção um amplo leque de possibilidades de escolha e, assim, manter a evolução em curso. As mutações no genoma têm o mesmo efeito, mas surgem ao acaso, não podendo ser induzidas. A sexualidade não pode prescindir de tal acaso e com cada processo de fecundação resultam certamente novos tipos.

Como regra, animais superiores vinculam sua reprodução ao sexo, de modo que a independência de sexo e reprodução parece inviável. Seres unicelulares mostram como é praticado o sexo sem reprodução: duas células se unem, trocam o genoma e se separam novamente. O resultado depois do sexo unicelular é, como antes, duas células individuais, de modo que não ocorreu reprodução. Porém, da mudança de genoma surgiram novos tipos genéticos e, com isso, a diversidade na população aumentou.

Reprodução e sexo

Devido à sua prática incomum de reprodução e sexo, as colônias de abelhas e as colônias de abelhas sem ferrão dos trópicos ocupam uma posição especial no reino animal. Em geral, os animais que se procriam sexualmente copulam, e todos os descendentes resultantes desse ato se reproduzem da mesma maneira, produzindo, assim, a geração seguinte.

As abelhas, no entanto, são diferentes.

Façamos um pequeno exercício mental: imaginemos que todos os animais inférteis (no presente e no futuro) de uma colônia de abelhas ficassem invisíveis ao observador. Em um grande campo de visão, veríamos apenas uma única fêmea muito solitária, a rainha. Veríamos como essa fêmea gera, uma vez ao ano, duas a três filhas. Estas, como jovens rainhas, um ano após se reproduzirão de maneira semelhante, no velho ninho ou em outro lugar. Além disso, por um curto período no verão, surgirão milhares de abelhas masculinas, os zangões, que acasalarão com as jovens rainhas de ninhos vizinhos (Figura 2.1).

Visto desse modo, o comportamento sexual e reprodutivo das abelhas não chamaria a atenção, não fossem alguns fatos estranhos: a quantidade de fêmeas férteis é extremamente baixa; as fêmeas vivem muitos anos, ao passo que os machos vivem apenas por pouco tempo; há uma extrema desproporção numérica de pouquíssimas fêmeas para muitos machos; regularmente, duas breves gerações sucessivas de fêmeas são separadas por um período mais longo.

Duas a três abelhas por período reprodutivo são consideravelmente poucas em comparação a outros insetos, quando uma única fêmea pode produzir centenas, até mesmo 10.000 animais férteis (número digno de recorde) que, em

Figura 2.1 Se todas as abelhas estéreis ficassem invisíveis, seriam vistos apenas a rainha e alguns zangões.

geral, se distribuem com igualdade em machos e fêmeas. As fêmeas são claramente mais importantes para a propagação do que os machos. Os machos são a fonte dos espermatozoides produzidos em grande quantidade, enquanto as fêmeas produzem comparativamente poucos, mas valiosos óvulos. Do "ponto de vista gamético", bastam poucos machos em uma população para acasalar com muitas fêmeas.

Ainda mais surpreendente torna-se a situação encontrada nas abelhas, com pouquíssimas fêmeas e muitos machos. A situação contrária seria muito fácil de entender, uma vez que poucos machos produzem espermatozoides suficientes para a fertilização dos óvulos. Também causa admiração a sucessão regular de períodos curtos e longos entre o aparecimento de fêmeas férteis, as rainhas. A maior parte dos animais normalmente apresenta tantas gerações em um período quanto lhes permite sua fisiologia e as condições ambientais. Por que as abelhas seguiram este caminho especial?

A geração de tão poucos descendentes femininos é bem arriscada em vários aspectos. De acordo com Charles Darwin, uma superprodução de descendentes muito diferentes é um requisito importante para a evolução. Essa produção

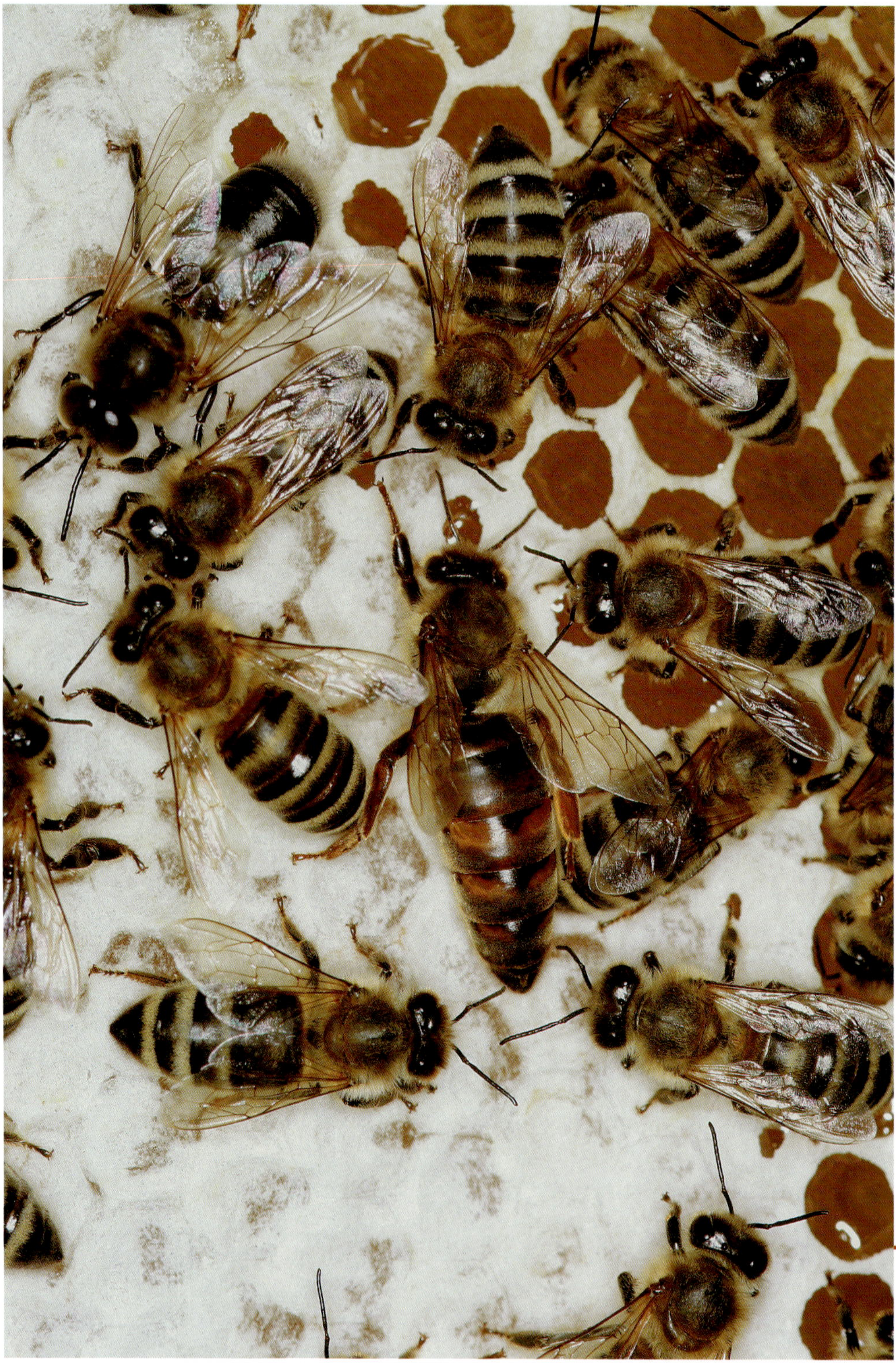

é modesta em abelhas, o que tem como consequência um leque pequeno de variações, oferecendo assim poucas possibilidades para a seleção. Além disso, um número pequeno de descendentes pode ser mais facilmente extinto por completo e, com isso, seus genes podem desaparecer do *pool* (ou conjunto) gênico de uma população.

Os animais que dedicam um cuidado intenso à prole, possibilitando a ela um início de vida seguro, em geral têm poucos descendentes. Em situações mais favoráveis, o cuidado com a descendência se estende até a maturidade sexual. Descendentes protegidos carregam com mais segurança os genes da população à próxima geração, comparados com os descendentes expostos a todas as influências ambientais. Nesse contexto, pensa-se em primeiro lugar nos grandes mamíferos, que geralmente têm somente um ou dois filhotes, mas que recebem mais cuidado e por um tempo longo – quanto menor o número de filhotes, mais intenso e mais duradouro será o cuidado.

Essa situação aplica-se às abelhas? De fato este é o caso, pois as abelhas desenvolveram um sistema impressionante de acompanhamento de longa duração para suas jovens fêmeas.

Retornando, porém, ao nosso modelo imaginário: se tornássemos visíveis aquelas abelhas inférteis, a colmeia repentinamente estaria povoada por muitos milhares de fêmeas estéreis (Figura 2.2).

Colônias-filhas

Essa massa de abelhas oferece um meio seguro à rainha e fornece a cada jovem rainha uma colônia completa como dote, quando a velha rainha deixa o ninho com cerca de 70% das operárias. A jovem rainha remanescente na colmeia, filha fértil da velha rainha emigrada, recebe como presente não apenas um terço das operárias, mas também favos cheios de mel, pólen e larvas em desenvolvimento. Não se poderia imaginar um melhor início no mundo das abelhas.

Uma colônia de abelhas pode produzir mais que um enxame. Assim, a massa de abelhas remanescente no velho ninho pode se dividir mais uma vez entre duas jovens rainhas. Caso se formem outros enxames, os chamados enxames secundários, reunidos ao redor de uma jovem rainha, não serão tão grandes como o enxame primário. Sua capacidade de sobrevivência depende do tamanho do enxame; enxames secundários muito pequenos não têm chance de sobrevivência.

Nas abelhas, a produção de pouquíssimas fêmeas reprodutivas reflete-se na separação de poucas colônias-filhas que se agrupam ao redor da nova rainha.

A propagação por meio do estabelecimento de colônias-filhas completas é, em todo o reino animal, uma estratégia rara e extravagante. Entre os insetos, tal estratégia é encontrada somente nas abelhas sem ferrão (que desempenham o papel das abelhas melíferas nos trópicos) e em algumas formigas, sob a forma de divisão de ninhos.

Figura 2.2 Uma rainha fértil, muitas operárias estéreis e, para o período de reprodução, muitos zangões são os "componentes" do superorganismo colônias de abelhas.

Nas regiões temperadas, os enxames são formados de abril a setembro. Novas rainhas são produzidas quando as abelhas em uma colônia atingem um número máximo e haja crias suficientes para equilibrar a perda de adultos na colônia original depois da saída do enxame primário. Os preparativos para a enxameação da colônia são perceptíveis duas a quatro semanas antes da saída das rainhas pela construção de realeiras como "dedais" abertos na borda inferior dos favos (Figura 2.3).

Essas células reais em forma de taça encontram-se por um período longo na colônia, mas apenas durante a preparação da enxameação os ovos são colocados nelas e as larvas são criadas. Em um caso extremo, isso pode significar até 25 futuras rainhas em desenvolvimento em uma colônia, mas a maioria delas não sobreviverá. O momento da enxameação chega quando a primeira dessas larvas está suficientemente grande para sua célula ser fechada e ingressa no estágio de pupa. A velha rainha deixa a colônia alguns dias antes da nova rainha surgir na "escuridão da colmeia".

Um pouco antes da saída, as operárias que acompanham a velha rainha se abastecem com mel das reservas do ninho (Figura 2.4). Essa reserva dura no máximo 10 dias, período no qual é essencial encontrar uma nova morada e retomar a vida regular da colônia.

Pouco antes da saída, as abelhas em enxameação começam a se movimentar de maneira agitada, produzem pulsos vibratórios de alta frequência e começam a maltratar a rainha (igualmente em enxameação) com mordidas e puxões nas pernas e nas asas. Logo a seguir, inicia-se uma "queda de abelhas" do ninho (Figu-

Figura 2.3 Como primeiro passo na preparação para a enxameação, uma colônia constrói novas células reais. Muitas células especiais para rainhas são estabelecidas preferencialmente na borda inferior do favo.

Figura 2.4 Antes de enxamear, as operárias abastecem seu papo de mel. Uma nova habitação deve ser encontrada e organizada, antes que essa reserva seja exaurida.

ra 2.5), e o ar na proximidade da colmeia começa a se encher com o seu zunir. Junto com a rainha, perto do antigo ninho, começa a se formar um enxame em forma de cacho de uva (Figura 2.6), o qual servirá de base para a procura de uma nova morada. Nesse enxame em forma de cacho de uva encontra-se uma boa amostra de todas as abelhas da colmeia original, embora as operárias mais novas e as mais velhas tenham ficado para trás.

Se novas jovens rainhas tiverem nascido e a colmeia for insuficiente para outra divisão, as operárias destroem as células reais juntamente com as larvas dentro delas, para, em outro período, recomeçar o processo.

A propagação por meio de poucas colônias-filhas, porém completas e em pleno funcionamento, tem grandes consequências para toda a vida das abelhas, pois confere à colônia uma imortalidade potencial e possibilita lançar no mundo colônias completas como "cópias imortais".

As colônias-filhas resultantes, porém, não são cópias genéticas idênticas. Cada novo superorganismo possui sua própria composição genética. Isso é fácil de compreender quando se percebe que todas as abelhas de uma colônia são filhas da mesma mãe. Somente aqueles genes que essa mãe carrega – nos seus ovos ou no espermatozoide armazenado na sua bolsa de reserva seminal (espermateca) – podem estar presentes nos filhotes e, assim, constituir o perfil genético da colônia. Mesmo se fossem gêmeas idênticas, as rainhas não conseguiriam constituir colônias geneticamente idênticas, pois os pais nunca podem ser os mesmos devido ao comportamento de acasalamento suicida dos machos.

Figura 2.5 Por ocasião da enxameação, as abelhas brotam do ninho como se estivessem em "queda".

Figura 2.6 O enxame se estabelece perto do antigo ninho e envia as abelhas exploradoras à procura de uma nova morada.

Após a saída do enxame, a parte remanescente da colônia inicialmente ainda é idêntica à parte que saiu, pois todas descendem da mesma mãe que deixou o ninho. Contudo, isso muda a partir do momento em que a jovem rainha começa a por seus ovos. Quando todas as velhas abelhas morrem e são substituídas pelas novas, a mudança da "constituição genética" é concluída. Uma colônia de abelhas que durante muito tempo ocupa o mesmo ninho muda regularmente a sua apresentação genética, como um "camaleão genético". O superorganismo é o mesmo, mas ainda assim não é igual.

O enxame primário em torno da velha rainha, por outro lado, mantém sua constituição genética até o momento em que ela é substituída.

O ciclo de vida do superorganismo

Cada geração de organismos multicelulares percorre um ciclo de vida composto de quatro fases: o ciclo inicia com o estágio unicelular, geralmente com a célula-ovo (fecundada). O segundo estágio é do crescimento e do desenvolvimento. O terceiro período inicia com o ingresso na maturidade sexual, e a quarta e última fase é o período da reprodução, coincidindo, em geral, com o terceiro estágio. As quatro fases, juntas, representam a duração de uma geração. As durações de gerações sucessivas podem oscilar, pois as fases individuais, dependentes do ambiente, podem ser diferentes. As estações do ano e as diferentes situações climáticas, com suas influências diretas e indiretas para um organismo, são um poderoso fator determinante para a durações das geração.

O tempo de geração individual de uma abelha rainha, desde o início do desenvolvimento embrionário do ovo até o ato copulativo, é de, no máximo, um mês. Porém, isso não significa que efetivamente surja uma nova geração de rainhas a cada quatro semanas. A duração de cada geração é complexa. Se esta for medida como de costume, calculando o período entre o surgimento de duas fêmeas férteis consecutivas, estabelece-se então um tempo de geração a cada duas fases com diferentes durações: uma primeira fase com a duração de um mês e uma segunda com a duração de quase um ano. Um mês é o período de geração verdadeiro, da postura de um ovo destinado a uma futura rainha até o ato copulativo desta. A segunda fase do tempo de geração, de aproximadamente um ano, dura até que essa nova rainha ponha um ovo, do qual se desenvolverá uma rainha da próxima geração. Assim, estabelece-se um ciclo, em que não há uma verdadeira duração de geração, mas sim um longo intervalo entre as gerações fisiológicas.

Essa complexa sequência de tempos de geração é uma estratégia possível apenas em superorganismos como as colônias de abelhas: a rainha produz, continuamente, ovos que se transformam em fêmeas. Via de regra, essas fêmeas permanecem estéreis. Rainhas sexualmente maduras são produzidas em caso de necessidade, a partir de larvas alimentadas pelas operárias com uma dieta especial em células reais. Esse mecanismo possibilita às operárias a criação de novos animais reprodutivos a qualquer momento. Isso é possível porque, salvo poucas semanas no inverno, sempre existem larvas na colmeia. Isso costuma ocorrer uma vez ao ano. Como a rainha põe ovos ininterruptamente no verão, com o surgimento anual de uma nova rainha (calculado a partir da rainha anterior), chega-se ao tempo de geração verdadeiro mais curto possível e depois a uma longa pausa, até a próxima rainha no ano seguinte.

As operárias da colônia determinam a dinâmica das gerações sucessivas. O superorganismo manipula ativamente o ritmo temporal das gerações e estende o tempo de geração fisiologicamente curto para um ritmo com uma duração de um ano. Essa possibilidade de manipulação, por sua vez, permite às abelhas acoplar o tempo de geração dos animais de sexo feminino ao ritmo da divisão da colônia.

A divisão da colônia de abelhas em colônias-filhas é realizada no nível da colônia inteira e leva a um ciclo bem diferente e mais simplificado em comparação com o ciclo de quatro fases dos organismos individuais. O superorganismo contorna o estágio de uma única célula e também não mostra um estágio de crescimento real. O tamanho da colônia está sujeito a oscilações que se expressam pelo aumento e diminuição do número de indivíduos ao longo das estações: uma fase de crescimento na primavera e perdas maiores pela saída do enxame no início do verão e casos de morte no inverno. A princípio, a colônia está preparada para divisões na maior parte do tempo. Ela só precisa fazer determinados preparativos para esse passo.

Por que a maioria dos organismos multicelulares não segue o mesmo caminho? Por que eles não se dividem diretamente como unicelulares?

A diferenciação e o desenvolvimento de um organismo multicelular, partindo do estágio unicelular, é um processo dispendioso e trabalhoso, pois cada estágio traz seus problemas específicos que precisam ser resolvidos. Como os organismos unicelulares sempre se dividem apenas em duas partes, a imortalidade seria em tese possível. Por que a natureza não evita o sexo e produz gatos divisíveis e imortais? Só porque isso é tecnicamente muito difícil?

A genética explica essa preferência por um ciclo de vida difícil, pormenorizado em quatro estágios. Como já mencionado, a reprodução associada a processos sexuais aumenta a diversidade em uma população – uma condição indispensável para a evolução, já reconhecida por Charles Darwin. O sexo e a especialização de poucas células corporais para a reprodução em organismos multicelulares, todavia, têm como consequência a morte de todas as células corporais restantes. A divisão de tarefas em gametas e células somáticas, encontrada em organismos multicelulares, trouxe à cena da vida o princípio da morte, e não apenas por acidentes ou predação, mas como princípio geral programado (▶ Figura 1.1).

Nesse difícil panorama da evolução, as abelhas encontraram um caminho ideal admirável. Mediante a reprodução da colônia inteira por divisão (enxameação) e criação simultânea de animais reprodutivos, cuja tempo de geração é sincronizado pelas operárias com o ciclo da divisão, as abelhas alcançaram uma vantagem sem perder a outra: manutenção de animais reprodutivos sem abrir mão da variabilidade genética alta. Por consequência, as abelhas também dispõem de uma linha contínua de células gaméticas, como todos os animais e plantas que se reproduzem sexualmente (▶ Figura 1.1). No entanto, diferentemente de seres multicelulares individuais, elas envolvem essas linhas imortais de células gaméticas em um superorganismo igualmente imortal, a colônia. A estratégia de reprodução da colônia apenas pela divisão tem como consequência uma simplificação do seu ciclo de vida, tornando-a, a princípio, imortal.

É de se estranhar que esse princípio – de se tornar potencialmente imortal por meio de divisão – seja encontrado nos seres mais simples (os unicelulares) e nas formas de vida mais complexas (os superorganismos).

A morte e a imortalidade

Como humanos, temos orgulho da data de fundação muito remota de nossas cidades, marcada por uma história milenar e festejada a cada aniversário de quinhentos ou mil anos. Naturalmente não são mais as casas e ruas originais e tampouco os mesmos moradores que sobrevivem tanto tempo, mas sim a habitação ininterrupta do local geográfico e a forma de organização como unidade. Nesse sentido, a colônia de abelhas é uma unidade contínua.

A "colônia eterna" se torna possível mediante uma constante substituição de seus membros. As operárias são substituídas em intervalos de quatro semanas até doze meses e as rainhas em intervalos de três a cinco anos. Os zangões têm uma vida breve, em torno de duas a quatro semanas, assim como a maioria das operárias. Em uma população de 50.000 abelhas e com uma taxa de mortalidade diária de 500 indivíduos (troca diária de 1%), com exceção da rainha, a colônia inteira estaria substituída em cerca de quatro meses. Essa mudança não destrói a identidade genética da colônia.

A composição genética, no entanto, é modificada completamente quando uma nova rainha se torna responsável pela prole. Esse passo é o começo da quase imperceptível "morte genética" da colônia existente nesse momento. Novas rainhas estão nos seus ovos e no esperma dos zangões com os quais elas acasalaram, renovando-se geneticamente; isso também vale para todas as suas descendentes que, com o passar do tempo, povoarão a colônia e substituirão todas as abelhas velhas. Essa mudança total ocorre regularmente quando novas jovens rainhas são criadas, antes da divisão da colônia por enxameação. Essa mesma reestruturação da base genética e a reconstituição de uma colônia também acontecem quando, em uma emergência, a colônia precisa criar uma nova rainha a partir de uma larva disponível (Figura 2.7). A partir dessa criação emergencial, a colônia substitui uma velha rainha, ineficaz, por uma jovem rainha que, para o seu voo nupcial, receberá uma nova "mistura de esperma" para a criação de operárias. Uma colônia de abelhas com local fixo, que troca anualmente sua rainha por meio do processo natural de enxameação, muda sua constituição genética a cada ano.

Uma vez que as colônias são fixas e potencialmente imortais, poderia surgir o problema de não haver mais tempo nem espaço disponível para as colônias recém-chegadas. Na prática, contudo, isso não acontece. Doenças, parasitas, saques, carência de alimento e de água ou catástrofes (como o fogo) possuem efeito regulador, ameaçando seriamente as colônias e levando-as, com muita frequência, ao fim da existência potencialmente infinita. Desse modo, novas colônias recebem sua chance. A probabilidade de sobrevivência dos enxames que saíram da colônia também não é muito alta. De cada dois enxames, um não sobrevive à aventura da saída, especialmente quando se trata de enxames secundários fracos e sobretudo se forem surpreendidos por mau tempo (Figura 2.8). Contudo, aqueles enxames que sobrevivem à primeira nova estação têm perspectivas muito boas.

Figura 2.7 Em resposta a uma emergência, células de rainha adicionais são construídas apressadamente na chocadeira.

Figura 2.8 Este enxame não conseguiu organizar uma nova morada antes de uma tempestade.

A organização de matéria e energia

A saída lenta e constante de colônias-filhas com plena capacidade funcional tem seu preço para a colônia fundadora.

A criação de colônias-filhas não pode ser realizada como uma atividade secundária. Toda a biologia das abelhas está concentrada em extrair e manipular matéria e energia do ambiente, para que disso possam surgir colônias-filhas da maior qualidade. Esse conhecimento central é a chave para compreender os admiráveis progressos e realizações das abelhas.

As abelhas saem do "mundo" autossuficiente de seu ninho sobretudo para acumular matéria e energia, a fim de se manterem vivas e poderem preparar e efetuar anualmente a reprodução da colônia.

Que caminho a matéria e a energia tomam através de uma colônia? O que significa a "organização" dos caminhos?

Toda a vida terrestre depende do sol. Inicialmente, o sol supre as plantas de energia e estas têm capacidade de fixar energia solar e sintetizar substâncias orgânicas. A matéria vegetal assim resultante e a energia nelas armazenada serão, então, utilizadas pelos animais. Isso é válido sobretudo para a manutenção de uma colônia de abelhas (Figura 2.9) e para a produção de colônias-filhas. Por isso, as abelhas são totalmente dependentes das plantas floríferas.

Apesar disso, as plantas floríferas não mantêm uma relação unilateral com as abelhas; as plantas e as abelhas se apoiam mutuamente na função mais importante de todos os seres: a propagação. Em suas visitas às flores, as abelhas transportam o pólen de uma para outra e, assim, realizam a troca sexual necessária para que as flores desenvolvam frutos com sementes. Os "frutos" das colônias de abelhas, em analogia, são as colônias-filhas completas, cuja produção depende das matérias-primas das plantas (néctar e pólen). Seguindo essa clara analogia com as plantas, embora muito simplificada, conclui-se que os animais sexuados nas colônias-filhas são as "sementes" das abelhas (Figura 2.10).

Figura 2.9 O mel é a fonte de energia solar na escura colmeia. A energia solar é captada pelas plantas e armazenada como açúcar no néctar. As abelhas levam néctar para o ninho e armazenam a energia solar ligada quimicamente como mel.

Colônia de abelhas

Plantas floríferas

Colônia-filha

Frutos

Rainhas jovens

Sementes

Figura 2.10 As colônias de abelhas e muitas plantas floríferas estão estreitamente ligadas em sua biologia. As colônias de abelhas produzem colônias-filhas com jovens rainhas carregando os gametas femininos. As plantas floríferas produzem frutos contendo sementes. O contínuo fluxo de matéria e energia das flores para a colônia de abelhas possibilita uma constante substituição dos componentes da colmeia e, com isso, uma "eterna colônia" que produz uma permanente corrente de colônias-filhas.

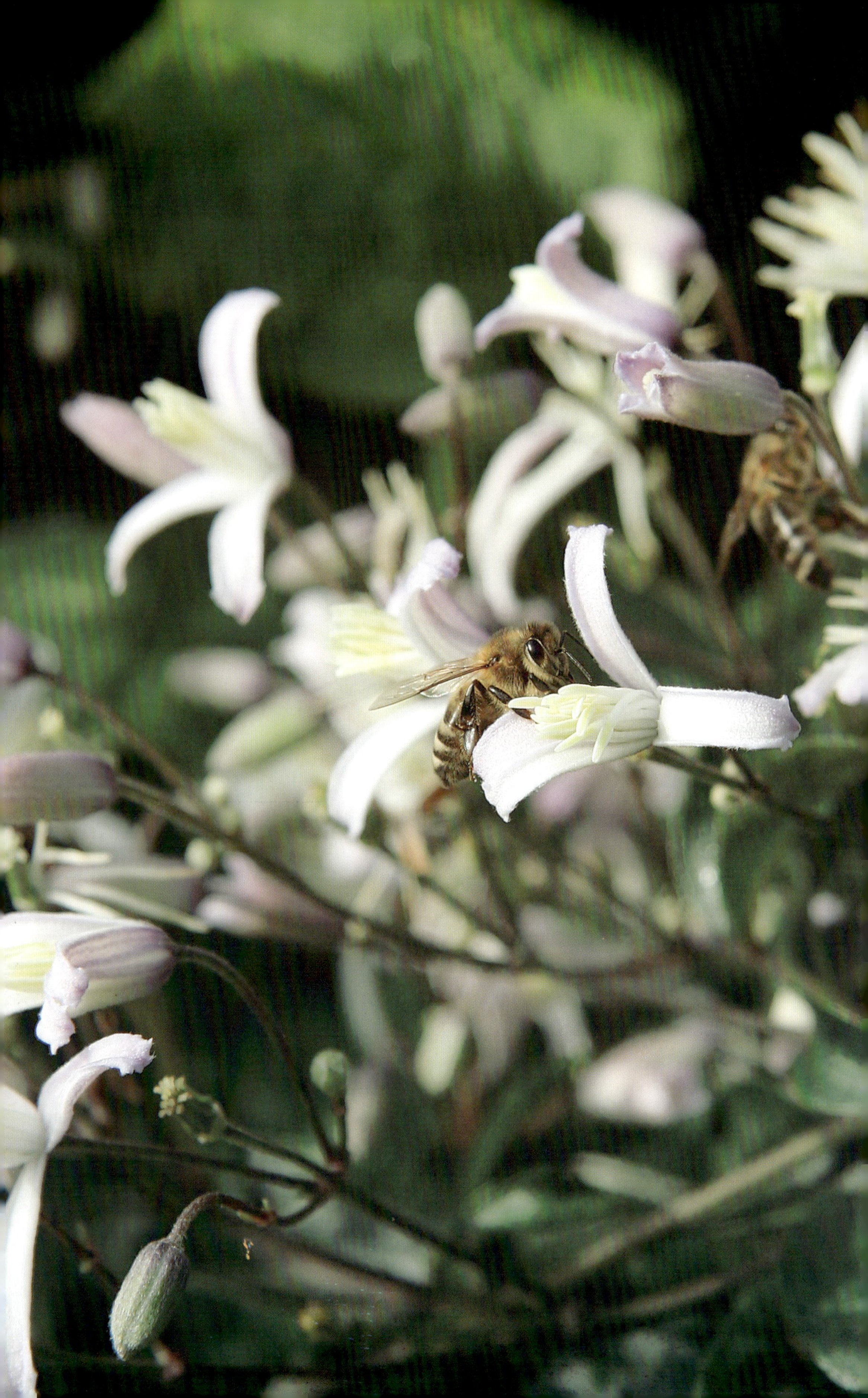

3

Abelhas: um modelo bem-sucedido

As abelhas constituem um grupo extremamente pobre de espécies, mas a sua influência na configuração e manutenção do biótipo é marcante.

Figura 3.1 Para uma imensa diversidade de plantas floríferas existem apenas poucas espécies de abelhas que as polinizam.

A diversidade de espécies de abelhas é muito pequena. Em todo o mundo, conhecem-se somente nove espécies do gênero *Apis*, o que não é exatamente um recorde positivo para insetos. Essas poucas espécies, juntamente com as mamangavas, pertencem à família das abelhas verdadeiras (*Apidae*). Na Ásia vivem oito espécies de abelhas, enquanto *Apis mellifera* é a única espécie existente na Europa e na África, onde forma diversas raças cruzáveis entre si. Secundariamente, o homem tem dispersado a *Apis mellifera* por todo o mundo.

A existência de apenas uma espécie em dois continentes dá a impressão de um grupo marginal mal-sucedido e inconspícuo. Seria, contudo, um grande erro menosprezar as abelhas, classificando-as como um grupo periférico insignificante devido ao seu baixo número de espécies. Basta considerar somente o que o gênero *Homo*, similarmente pobre em espécies, contribuiu para o estado atual do nosso planeta. O papel formador e mantenedor, exercido de modo eficaz pelas abelhas na vegetação dominada pelas plantas floríferas, é perfeitamente comparável ao do homem.

Da ação devorante à suave polinização

As plantas floríferas existem há cerca de 130 milhões de anos. Originalmente, o vento foi o *"postillon d'amour"** e o intercâmbio sexual, devido às enormes massas de pólen enviadas a uma viagem incerta e na maioria dos casos mal-sucedida, representava um empreendimento nada econômico. Em locais pobres em vento, esse tipo de polinização era pouco eficaz.

Um claro avanço foi registrado quando os insetos descobriram o pólen como fonte de alimento e simplesmente passaram a devorar as anteras (Figura 3.2). Ao comer vários estames das flores vizinhas, os insetos sempre realizavam um transporte considerável de pólen aos respectivos estigmas. Este tratamento um tanto "rude" das flores ainda hoje é praticado por alguns insetos, como os escaravelhos-das-rosas.

Da perspectiva das plantas, uma relação mais satisfatória seria um transporte seguro dos grãos de pólen (altamente móveis) entre as flores. Nas abelhas, as plantas floríferas encontraram parceiras com as quais alcançaram um relacionamento próximo do ideal, após um longo período de coevolução.

Christian Conrad Sprengel foi o primeiro a descrever essa parceria, em um livro maravilhoso publicado em 1793 sob o título *Das entdeckte Geheimnis der Natur im Bau und in der Befruchtung der Blumen* (O segredo desvendado da natureza na estrutura e na fecundação das flores). O mesmo grau de admiração que temos hoje por essas conclusões geniais é o mesmo grau de insatisfação que elas trouxeram ao próprio Sprengel. Suas descobertas passaram completamente despercebidas na área especializada, e ele até foi hostilizado por divulgar tais "incastidades" sobre as inocentes flores. Estimulado pela publicação de Sprengel, ninguém menos que Charles Darwin realizou, em 1860, experiências com plantas floríferas que ele cobrira com redes para impedir o acesso de insetos

---

* N. de R. T. Em uma tradução livre, pode-se empregar a expressão "mensageiro do amor", que refere-se ao transporte de grãos de pólen realizado pelo vento.

polinizadores. Ao comparar a produção de frutos dessas plantas com a de outras não cobertas com redes, ele chegou a uma conclusão inequívoca.

O sistema de polinização das plantas floríferas resultou em uma forte dependência entre os insetos e essas plantas. Nesta dependência, os insetos podem escolher entre diferentes opções e as plantas competem pelos insetos à procura de flores. As plantas se distinguem na qualidade e na quantidade de néctar que oferecem aos visitantes, sendo que o conteúdo do pólen também varia de planta para planta. Até a temperatura do néctar é uma propriedade que as plantas possivelmente utilizam como critério de qualidade. As mamangavas (Figura 3.3), pelo menos, preferem flores com néctar mais quente e, assim, além de energia química em forma de carboidratos, obtêm diretamente energia térmica. Presume-se que, podendo escolher entre néctares de temperaturas distintas, as abelhas não se comportem diferentemente das mamangavas (ou seja, prefiram flores com néctar mais quente).

Figura 3.2 Ainda hoje os escaravelhos-das-rosas são tão vorazes em relação às flores, como os insetos o foram no início de sua relação com as plantas floríferas: eles as devoram. A placa craniana serve como pá para reunir as anteras, antes de abater o máximo possível delas.

Figura 3.3 Imagem em infravermelho de uma mamangava colhendo néctar em uma flor de composta (Asteraceae). As mamangavas e presumivelmente as abelhas preferem flores com néctar quente.

O alvoroço no "mercado das flores" tem como alvo o mundo visual e olfativo das abelhas. A necessidade de oferecer algo especialmente atrativo às abelhas aumenta com a quantidade de competidores diretos que florescem ao mesmo tempo na mesma área de colheita desses animais. O que é atrativo para as abelhas é determinado pelos seus poderes de percepção e pelas possibilidades e limites de suas habilidades "intelectuais". No Capítulo 4, este tema será retomado em detalhes.

Com o aparecimento de insetos polinizadores claramente menos destruidores, as plantas puderam deslocar seus órgãos sexuais para o seu interior da flor, protegendo-os melhor (e seus produtos) do vento e do clima, bem como dos efeitos destrutivos de polinizadores devoradores. A isso, acrescentaram-se partes florais com atrativos visuais e olfativos que servem para atrair os visitantes desejados.

Na maior parte das regiões da Terra onde existem plantas floríferas, as abelhas são os polinizadores mais importantes. Contudo, elas não são, absolutamente, os únicos insetos que exercem esse papel. A polinização pode ser realizada por moscas, borboletas e besouros, além de outros himenópteros aparentados com abelhas, como abelhas solitárias, vespas, mamangavas e até formigas. Nesse universo, apenas poucas espécies vegetais dependem da polinização de uma única espécie de insetos. Entretanto, nenhum outro polinizador é tão eficiente como a abelha. Cerca de 80% de todas as plantas floríferas do mundo são polinizadas por insetos e destas, por sua vez, cerca de 85% pelas abelhas. Em árvores frutíferas, até 90% das flores são visitadas por abelhas. Com isso, a lista das plantas floríferas polinizadas pelas abelhas é de aproximadamente 170.000 espécies. O número de espécies de plantas floríferas que dependem diretamente das abelhas, e sem as quais a existência seria difícil, é estimado em torno de 40.000. Essa imensa quantidade de flores é polinizada, em todo o mundo, por apenas nove espécies de abelhas; na Europa e na África, a polinização é efetuada por apenas uma espécie, indispensável para a maior parte das plantas floríferas.

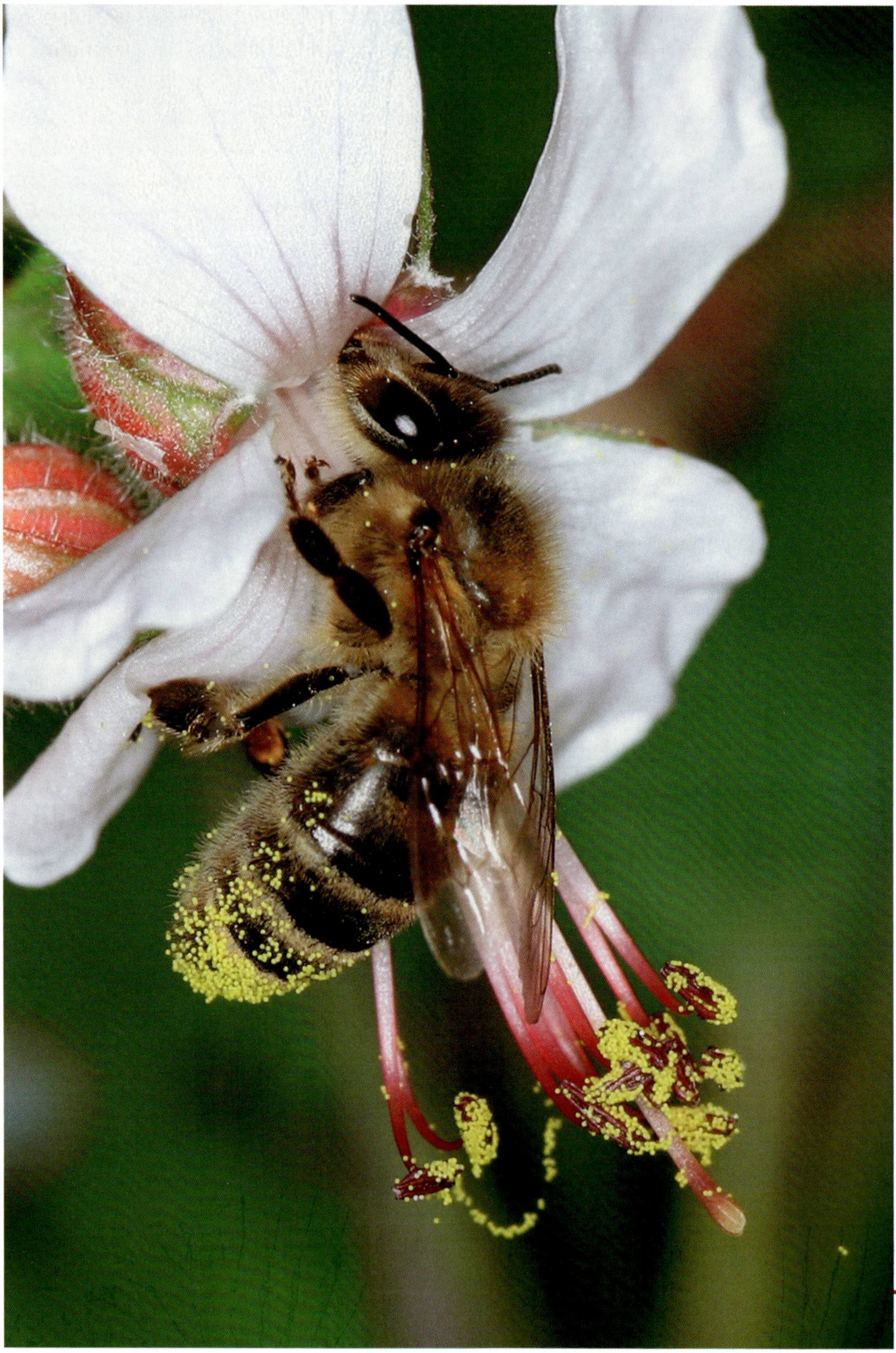

Essa relação numérica extrema entre plantas e polinizadores é admirável e indica que as abelhas, com sua forma de vida, são tão bem-sucedidas que não deixam espaço para a coexistência de competidores similarmente estabelecidos.

Isso é globalização e formação de monopólio no reino animal.

Realmente, com sua enorme dedicação, uma colônia de abelhas pode ensinar uma lição a seus competidores. Em um dia de trabalho, uma única colônia de abelhas pode visitar vários milhões de flores. Uma vez que as abelhas se informam sobre áreas de flores recém-descobertas, é garantida uma rápida visita a todas elas. Praticamente, nenhuma flor em antese fica sem ser visitada. Todas as flores têm as mesmas chances de serem visitadas, pois as abelhas são generalistas que se relacionam com quase todos os tipos florais.

A quantidade de flores visitadas e o recrutamento rápido de um considerável número de operárias coletoras, bem como a enorme capacidade de adaptação de abelhas individuais e de toda a colônia a áreas floridas no campo, fizeram das abelhas os parceiros ideais das plantas floríferas. De fato, durante a sua evolução, as plantas floríferas usaram todos os recursos para se tornarem interessantes às abelhas. A perda do pólen a insetos visitantes não era uma novidade para as flores, mas com as abelhas surgiu uma forma de relacionamento amistosa. O pólen não é arrancado pelas pernas das abelhas, mas sim se prende aos pelos ramificados que constituem sua densa cobertura corporal (Figura 3.4).

As confiáveis e atenciosas transportadoras de pólen, além disso, permitem que as flores produzam quantidades muito menores de pólen do que as polinizadas pelo vento, e menos ainda do que as que dependem de escaravelhos consumidores de flores. Durante a evolução, as abelhas se desenvolveram a fim de aperfeiçoar a colheita e o transporte das quantidades escassas de pólen, pois as flores limitaram a sua produção a um mínimo. A este respeito, com as pernas dianteiras, medianas e traseiras elas produzem pacotes de pólen com uma sincronia digna de uma máquina colheitadeira automática. Ao final do processo, um sólido grumo de pólen prende-se à direita e à esquerda em cada uma das pernas traseiras; lá ele fica alojado, envolvido por cerdas dispostas nas pernas, o assim chamado cesto de pólen (Figura 3.5).

A doce sedução

Durante a coevolução com as flores, a forma externa das abelhas não se desenvolveu apenas para o transporte de pólen. As plantas floríferas têm ainda mais a oferecer às abelhas: as pteridófitas, que povoavam a Terra muito antes das plantas floríferas, transportam nos seus tubos crivados a seiva, que de quando em quando é elaborada em grandes quantidades como néctar, um produto da fotossíntese. As plantas floríferas conservaram esse processo e o desenvolveram de tal modo que do antigo resíduo surgiu um produto específico para o consumo das abelhas, o néctar (Figura 3.6).

Figura 3.4 A cobertura pilosa das abelhas retém muitos dos valiosos grãos de pólen.

Figura 3.5 A carga de pólen é limpa e compactada em cestos de pólen nas duas pernas traseiras, na preparação para o voo de retorno à colmeia. Uma abelha pode regressar de um voo de colheita de pólen com uma carga de 15 mg. Dessa maneira, durante um ano uma colônia de abelhas transporta para a colmeia aproximadamente de 20 a 30 kg de pólen puro.

Para explorar essa fonte de alimento, as abelhas desenvolveram peças bucais apropriadas em estrutura e tamanho. Uma parte do intestino transformou-se em um reservatório, no qual podem ser armazenados até 40 mg de néctar, ou seja, quase a metade de sua massa corporal, que é de 90 mg. O conteúdo desse reservatório é propriedade comum da colônia. A abelha precisa para si mesma de uma pequena parte de sua colheita, que, quando necessário, passa por uma fina válvula entre o reservatório e o intestino médio digestório.

As flores apresentam o melhor desempenho para atrair as abelhas. Assim, uma única flor de cerejeira pode produzir por dia mais de 30 mg de néctar. Uma cerejeira inteira pode produzir diariamente quase 2 kg de néctar. A quantidade que uma abelha coletora traz para a colmeia em cada voo perfaz até 40 mg, ou seja, em torno do equivalente à produção diária de uma única flor de cerejeira. Já em flores de macieira há a necessidade de um número muito maior de visitas. Com apenas 2 mg de néctar por flor de macieira, o estômago (papo) das abelhas coletoras

Figura 3.6 Uma rara abelha coletando simultaneamente pólen e néctar, com uma grande gota de néctar em suas peças bucais. Essa gota será engolida e transportada no estômago (papo). No ninho, toda a carga será regurgitada, misturada com enzimas e deixada ao encargo de abelhas que, depois, a depositará nas células dos favos.

só ficará cheio com cerca de 20 dias de produção de néctar de uma flor.

Isso não significa que uma abelha precise visitar apenas duas flores de cerejeira ou vinte de macieira para encher seu estômago. Por visita, uma abelha pode retirar da flor apenas a pequena quantidade do suprimento diário disponível naquele momento, a qual será reposta novamente pela flor. O número estimado para um dia ideal de trabalho seria de até 3.000 flores visitadas por abelha (Figura 3.7).

No entanto, as abelhas não realizam 3.000 voos, pois nesse sentido elas são "preguiçosas". O número de flores que uma abelha coletora visita em uma de suas incursões diárias, relativamente escassas, precisa ser tanto maior quanto menos néctar estiver disponível no momento da visita.

As flores individuais não colocam à disposição das abelhas um suprimento inesgotável de néctar. A produção de néctar como estratégia de atração das abelhas custa às plantas um preço em matérias-primas e de energia que está embutido nesse produto floral. Uma estimativa de custo-benefício, a partir da perspectiva das flores, mostra que parece mais vantajoso alcançar alta

Jürgen Tautz

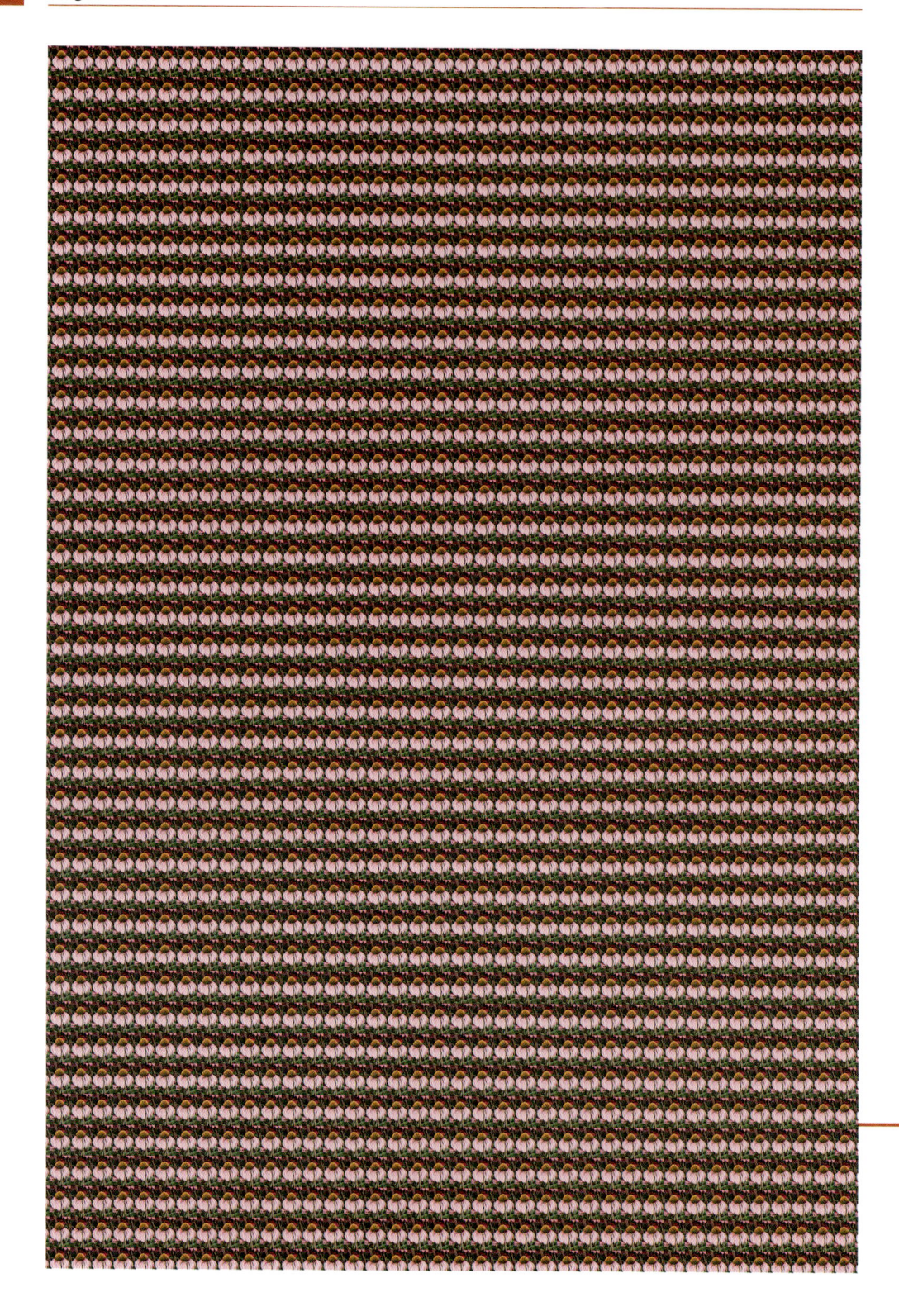

frequência de visitas adquirida por meio de uma excreção gradual de néctar: muitos voos de visita e, com isso, a certeza de um polinização eficiente com um menor custo possível de néctar. No entanto, a flor não pode levar ao extremo a economia de néctar, pois os visitantes podem preferir outras flores com mais oferta desse produto.

As laboriosas abelhas

Excetuando o período de reprodução, as abelhas precisam constantemente deixar o conforto e a segurança do seu ninho para o abastecimento de matéria e energia. Com seus voos de busca, todas as abelhas coletoras de uma colônia estabelecem uma espessa rede que cobre as redondezas de seu ninho.

Da perspectiva das flores, portanto, isto significa que elas não dependem de outros insetos polinizadores. Teoricamente, uma colônia pode cobrir uma área de até 400 km^2 em torno do ninho, se for empregada a distância máxima que uma abelha pode se distanciar de sua colmeia. Em um voo de linha reta, isso corresponde a cerca de 10 km. O abastecimento de mel na colmeia, como reserva de energia para o voo, é suficiente para alcançar, no máximo, exatamente essa distância. Porém, a abelha só realiza uma atividade tão intensa assim quando há carência extrema de néctar. A essas distâncias longas de voo, contudo, o consumo de energia é praticamente igual ao ganho, e o déficit de energia é apenas escassamente evitado. Na maioria dos voos, as abelhas coletoras em geral se afastam de dois a quatro quilômetros do ninho. Em termos econômicos, essa é uma distância ainda suportável quando se considera a relação entre o custo de energia na forma de mel como combustível para o voo e a energia ganha na forma de néctar levado para colmeia.

A atividade coletora, como se presume, é a que demanda mais tempo na vida de uma abelha. Talvez por isso só recentemente a existência de um estado de sono nas abelhas coletoras tenha sido descoberta e descrita (Figura 3.8). Abelhas jovens também dormem, mas por períodos mais curtos e sem o ritmo dia-noite característico, ao passo que as coletoras dormem mais, sobretudo à noite. As abelhas dormem na colmeia e muito raramente também fora dela, no campo (Figura 3.9). Ao dormirem, as abelhas são reconhecíveis pela sua postura corporal, que reflete ausência de tensão muscular: as antenas ficam pendentes e as pernas dobradas. É difícil saber por que especialmente as abelhas coletoras precisam dormir, do mesmo modo que até agora esta questão não foi respondida de modo satisfatório para qualquer outro ser vivo. A manifestação tão evidente do sono nas abelhas coletoras remete à sua

Figura 3.7 Representação de um programa de visitas a flores durante a metade de um dia. Uma única abelha pode visitar até 3.000 flores em um dia de trabalho. Tantas flores somente são visitadas em poucos voos prolongados quando a oferta de néctar de cada flor é pequena.

Figura 3.8 As abelhas operárias dormem principalmente à noite em áreas da borda do ninho e, não raro, organizam grupos dormindo na mesma direção, como aqui na borda superior do favo.

Figura 3.9 Ocasionalmente, as abelhas coletoras também podem ser encontradas dormindo sobre uma flor no campo.

importância para as demandas físicas da sua atividade externa.

As flores e sua oferta não estão disponíveis às abelhas a qualquer hora e em qualquer lugar dentro do território de voo de uma colônia. Dependendo da região geográfica, as flores são sazonais (portanto, quando surgem, estão em toda parte) ou podem ser encontradas durante o ano todo, mas concentradas em determinadas áreas – portanto, não estão em toda a parte.

O primeiro caso diz respeito à área de distribuição das abelhas nas regiões temperadas: o segundo caso, nos subtrópicos e nos trópicos. Portanto, a descoberta e a exploração de recursos, dependendo das características do espaço vital, coloca as abelhas diante de vários outros tipos de problemas. Parece plausível que uma presença muito limitada de flores por área, cujo momento de surgimento, além disso, é imprevisível para as abelhas, aumente a competição entre as colônias dessa região. Essa situação é encontrada nas árvores tropicais floridas, que se oferecem às abelhas no meio de um grande número de folhas verdes; durante o ano todo as abelhas encontram árvores floridas, cuja distribuição e quantidade variam conforme a época. Sob tais condições ecológicas, durante a evolução surgiram não somente as abelhas, mas também (certamente muito rápido) suas concentradas ações de exploração, possibilitadas por uma engenhosa comunicação entre elas. Quando então, mais tarde, avançaram para as regiões temperadas, as abelhas já estavam completamente preparadas para a procura efetiva de flores.

Para o aproveitamento eficiente da oferta de flores, a colônia também desenvolveu a capacidade de distribuir exatamente a quantidade certa de abelhas correspondente à produção das plantas da área. Fontes produtivas atrativas devem ser visitadas com frequência; fontes menos produtivas não devem ser ignoradas completamente, mas ser visitadas com menor investimento de trabalho. As fontes esgotadas não devem mais ser visitadas.

Quanto? Para onde?

Se uma pessoa tivesse a tarefa de otimizar sua colheita em termos de oferta de néctar e pólen e de distribuir adequadamente as forças de trabalho disponíveis, seria necessária uma informação completa sobre a situação desses recursos no campo. Visto que a situação no campo se modifica com frequência, é indispensável uma constante atualização dessas informações gerais. A isso deve ser acrescida uma necessária visão geral sobre a situação do ninho, pois em caso de reservas plenas, por exemplo, muito menos deve ser coletado.

De fato, o número de abelhas em atividades de colheita varia bastante e é dividido em proporções distintas de coletoras de néctar e de pólen, os quais podem ser levados simultaneamente para o ninho por no máximo 15% das abelhas coletoras (Figura 3.6). A grande maioria das abelhas realiza coletas como especialista.

Nenhuma abelha de uma colônia consegue ter a visão geral da oferta e da demanda e assumir a tarefa da divisão da força de trabalho. Mesmo assim, por observações e experimentações, sabe-se que a colônia divide com precisão suas forças de colheita no campo. Como isso pode funcionar, se ninguém na colônia tem essa visão geral?

Expressa de maneira tecnicamente correta, a resposta está em um mecanismo de distribuição descentralizado e auto-organizado. Descentralizado significa que não há nenhuma instância superior que "dá ordens". Auto-organizado significa que o padrão de emprego da força, mostrado pelo superorganismo como um todo, resulta automaticamente de muitos pequenos contatos entre as abelhas. Esses pequenos contatos prestam-se à troca de unidades de informação sobre as milhões de flores no campo. O superorganismo estende sua rede de colheita sobre muitas centenas de quilômetros quadrados, fechando suas malhas onde valha a pena e deixando-as abertas onde o ganho é pequeno. Normalmente, 5 a 20% dos indivíduos com atividade externa são abelhas que estão sempre à procura de novas fontes de alimento e que compartilham com suas companheiras de colônia as informações sobre as suas descobertas.

Em caso de uma demanda maior, o esforço de coleta da colônia não é regulado pelo aumento de trabalho para as abelhas coletoras que já estão em atividade. A intensidade de trabalho é distinta entre os diferentes indivíduos. Há abelhas pouco ativas que fazem apenas dois a três voos diariamente. Por outro lado, há também abelhas "viciadas em trabalho", que chegam a cumprir dez ou mais voos de coleta por dia. Os membros de uma colônia, aparentemente idênticos em um primeiro momento, revelam suas personalidades depois de um período longo de observação do seu comportamento. Se no momento do nascimento de cada abelha fosse implantado um minúsculo *microchip* (RFIDChip, *radiofrequency identification*) no lado posterior do tórax, seria possível monitorar seu comportamento ao longo da vida (Figura 3.10). Essas "colônias transparentes" revelariam, assim, as personalidades das abelhas em todas as suas possíveis características: muito ativas, pouco ativas, dóceis, agressivas, com afinidade a temperaturas altas, com afinidade a temperaturas baixas, etc. A lista poderia prosseguir conforme as características das abelhas examinadas.

As diferenças entre indivíduos, no entanto, são relativamente pequenas, de modo que não é possível explicar a enorme dinâmica de comportamento de uma colônia na atividade intensa da colheita. O estreitamento das malhas da rede de coleta no campo consiste muito mais no recrutamento de abelhas coletoras adicionais que voam a fontes vantajosas. A presença de coletoras inativas e o seu engajamento de acordo com a necessidade são os segredos que permitem que uma colônia aperfeiçoe a exploração da oferta de flores no seu território, mesmo que não haja um "líder". Assim, algumas centenas de abelhas coletoras ativas podem provocar a mobilização, para atividades externas, de até um terço da colônia inteira.

Observa-se que a coevolução de abelhas e flores resultou em uma relação

Figura 3.10 Colocando-se um *microchip* na abelha, no momento do seu nascimento, é possível acompanhar suas atividades de colheita ao longo de sua vida. Desse modo, pode-se constatar e pesquisar diferenças entre as abelhas individuais, cujos fatores influenciam a atividades de colheita.

que não é marcada pela generosidade recíproca, mas sim pela exploração recíproca. Essa relação gerou uma espiral positiva que resulta em uma maravilhosa parceria. As abelhas e as flores se modelaram reciprocamente e estão tão vinculadas entre si que as abelhas praticamente não deixam lacunas na atividade com as flores que possam ser preenchidas por outros insetos. Uma dessas poucas lacunas está relacionada à temperatura em que as abelhas iniciam a colheita. As abelhas só estão aptas para o voo a partir de uma temperatura de cerca de 12°C.

Isso abre às mamangavas, competidoras diretas, a possibilidade de visitas às flores sem incômodos, uma vez estas podem voar a partir temperatura em torno de 7°C.

Como terceiro tipo de produto das plantas, as abelhas usam uma resina, empregando-a como própolis ao redor do ninho e dentro dele. Porém, apenas uma pequena parte da própolis é colhida das flores; a maior parte provém de gemas, frutos ou folhas (Figura 3.11). Aqui não são conhecidas quaisquer adaptações especiais das abelhas em relação às plan-

Figura 3.11 Poucas abelhas especializam-se em extrair resina das plantas e transportá-la (como própolis) ao ninho nas pernas traseiras, assim como os grãos de pólen.

tas, mas essa possibilidade não pode ser descartada.

A capacidade coletora individual de uma abelha, bem como a de uma colônia completa, depende de uma série dos mais variados fatores. A abordagem mais simples é verificar o desempenho anual, que depende sobretudo do tamanho do superorganismo. Para tanto, os valores brutos de néctar colhido por uma colônia típica podem ser estimados como segue:

- Uma abelha coletora pode transportar de 20 a 40 mg de néctar no seu estômago (papo).
- Uma abelha coletora faz entre três a dez voos por dia.
- Uma abelha coletora pode coletar por um período de 10 a 20 dias.
- Uma colônia pode produzir de 100.000 a 200.000 abelhas coletoras ao longo de um verão.

Disso, podem ser calculados os valores extremos em relação ao trabalho de colheita de néctar esperado:

- Valor mínimo: 20 mg × 3 voos diários × 10 dias × 100.000 abelhas produziriam 60 kg de néctar.

- Valor máximo: 40 mg × 10 voos diários × 20 dias × 200.000 abelhas produziriam 1.600 kg de néctar.

A conversão de uma unidade de néctar em mel reduz a quantidade a mais ou menos à metade, de modo que teríamos uma produção entre 30 e 800 kg de mel por colônia.

É evidente que o valor mínimo aqui calculado é demasiadamente baixo para as condições reais, assim como o valor máximo é muito alto. Esses valores representam nada mais que uma faixa dentro da qual devem estar os níveis de colheita de néctar e de produção de mel. No Capítulo 8, será retomada a reflexão sobre a quantidade necessária de material coletado para uma colônia de abelhas.

Uma colônia de tamanho médio coleta por ano cerca de 30 kg de pólen, o que para uma matéria extremamente leve, como o pó das flores, é uma quantidade impressionante. A quantidade de própolis que uma colônia de abelhas carrega para o ninho equivale a muitas centenas de gramas.

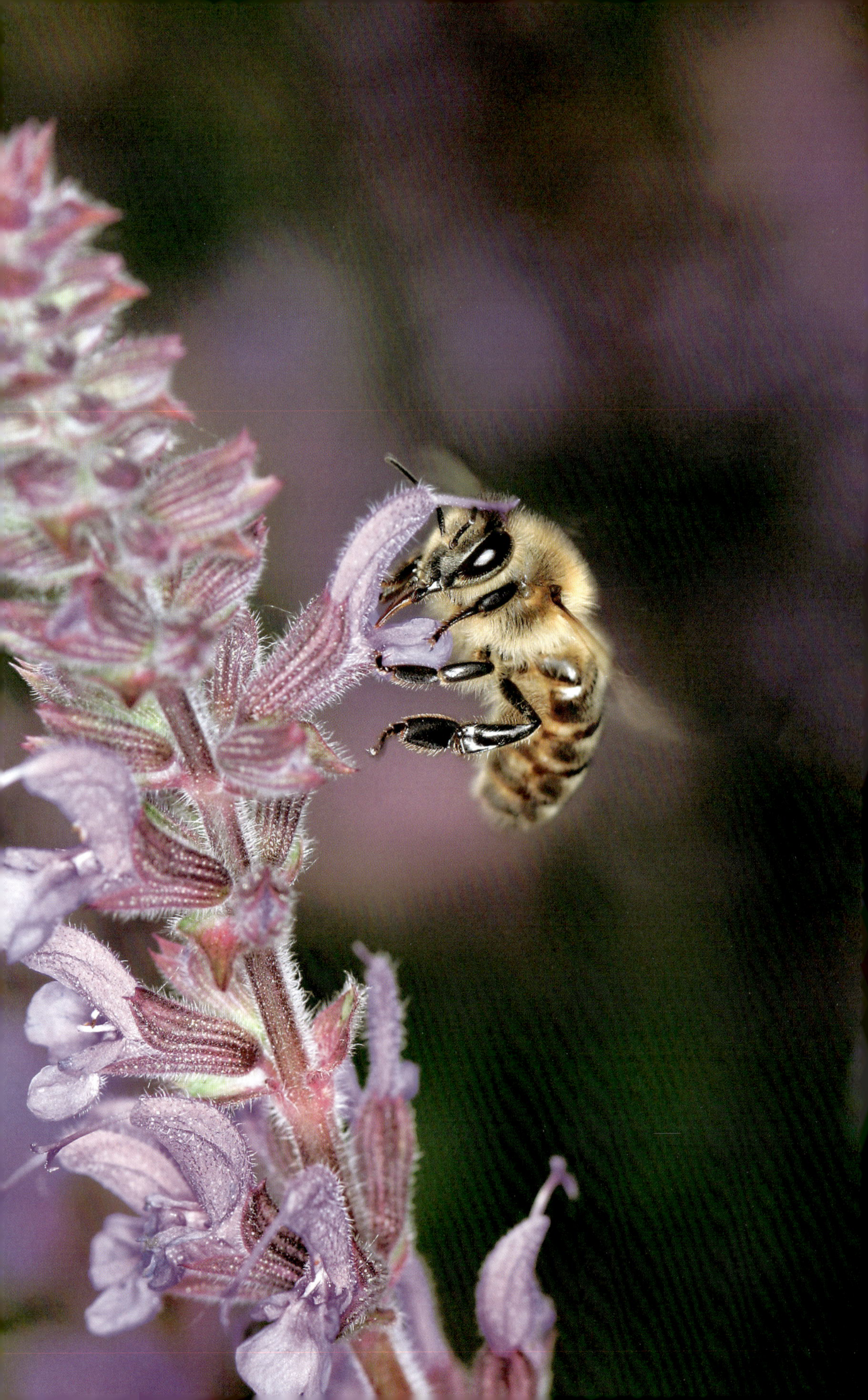

4

O que as abelhas sabem sobre as flores

O mundo visual e olfativo das abelhas, sua capacidade de orientação e grande parte da sua comunicação giram em torno da sua relação com as plantas floríferas.

O pólen e o néctar são matérias-primas naturais renováveis para as abelhas, servindo-lhes de base exclusiva para a construção e o funcionamento das colônias.

As flores não estão à disposição o tempo todo e nem em toda a parte, e tampouco em quantidade ilimitada. No entanto, elas representam recursos insubstituíveis, pelos quais as colônias de abelhas competem entre si e com outros insetos. Para poderem alcançar as flores antes dos seus competidores, as abelhas desenvolveram capacidades admiráveis.

Saber é poder. Isso se aplica igualmente às abelhas. Todavia, o que as abelhas precisam saber sobre as flores? E de onde elas obtêm os seus conhecimentos?

A princípio, há três possibilidades de dispor do conhecimento:

- o conhecimento inato é inerente ao genoma (conhecimento prévio);
- o conhecimento pode ser adquirido a partir de experiências próprias (aprender);
- e, como nível mais alto, a informação pode ser compartilhada por membros da mesma espécie (comunicação).

O aprendizado e a comunicação acontecem por meio da conexão com o ambiente por meio dos órgãos sensoriais, os quais não são janelas passivas para o mundo. Os órgãos sensoriais, junto com os centros de integração sensorial no sistema nervoso central, estabelecem categorias biológicas importantes, sob certas circunstâncias inexistentes como realidade física. A cor é um exemplo de algo que não existe objetivamente e é capaz de se vivenciar. Elas não existem fora do mundo de percepção dos seres vivos. As ondas eletromagnéticas, às quais a luz também pertence, formam um espectro contínuo. Somente parte desse contínuo estimulará as células sensoriais de um animal e será percebida como luz. A percepção das cores se faz no momento em que diferentes células sensoriais reagem a faixas distintas do espectro de ondas luminosas. As categorias de cores que se originaram durante a evolução dependem das possibilidades oferecidas pelo sistema sensorial dos seres vivos e da sua importância para a sobrevivência e reprodução.

O mundo sensorial das abelhas está muito bem adaptado aos sinais emitidos pelas flores. Por meio das suas cores, as flores destacam-se de uma floresta de folhas verdes. As abelhas, por sua vez, conseguem ver essas cores. Do mesmo modo, as flores produziram aromas e as abelhas desenvolveram um olfato altamente sensível.

As cores têm um significado inato para as abelhas. Desse modo, quando podem escolher entre cores diferentes, as abelhas inexperientes tendem a ir para o azul e o amarelo. Muitas outras flores apresentam o azul e o amarelo ou possuem grande parte de suas cores nos comprimentos de onda do azul e do amarelo.

Para as abelhas, a capacidade de poder atribuir às cores diferentes significados por meio de processos de aprendizagem é fundamental. Essa aquisição do saber por meio da própria experiência desempenha um papel tão significativo para as abelhas que elas, com suas aptidões para aprender, acabam ocupando uma posição de destaque entre os insetos. A alta qualidade do fluxo de informação entre os membros da mesma espécie é igualmente desenvolvida nas abelhas.

Conhecimento inato, conhecimento adquirido e informação comunicada formam a tríade básica da "sabedoria" da colônia de abelhas. Nossos conhecimentos mais detalhados se referem ao tema "conhecimentos das abelhas sobre flores".

Para poder pesquisar e apreciar o desempenho comportamental complexo das abelhas na procura e na exploração de flores, é adequado subdividir o comportamento delas em diversas etapas funcionais durante uma visita às flores.

As tarefas que devem ser feitas pelas abelhas para um aproveitamento efetivo da oferta de flores são:

- reconhecer as flores como tais;
- distinguir diferentes flores;
- reconhecer o estado das flores;
- saber trabalhar efetivamente nas flores com as pernas e as peças bucais;
- determinar a posição geográfica das flores na paisagem;
- determinar os momentos do dia nos quais diferentes flores produzem mais néctar;
- como um mensageiro em um processo de comunicação, compartilhar as próprias experiências com os outros membros do ninho;
- como receptor em tal comunicação, compreender tais mensagens, sendo capaz de encontrar as flores.

O mundo não consiste só de flores. Um problema para as abelhas?

Não é óbvio que as abelhas reconheçam o que é uma flor? A observação de uma visita das abelhas às flores prova que elas cumprem essa tarefa sem dificuldades. Onde está, portanto, o problema?

Os seres humanos também são capazes de reconhecer as flores. Porém, as abelhas vivenciam as flores da mesma maneira que os seres humanos?

Nesse ponto de reflexão, podemos nos tornar um pouco filosóficos. Ninguém sabe como o mundo foi criado. Só podemos saber o que nos é apresentado pela nossa percepção, a qual medeia o conhecimento de mundo que, durante a evolução, mostrou-se importante para a sobrevivência e reprodução das espécies. Nossa percepção se dá por meio dos órgãos dos sentidos, e o processamento posterior das mensagens sensoriais acontece no cérebro. Essa experiência subjetiva não pode ser transmitida de pessoa para pessoa. Dizemos que uma determinada cor é "violeta" porque assim o aprendemos, mas não

Figura 4.1 As abelhas possuem dois grandes olhos compostos e três pequenos ocelos. Cada olho composto produz uma imagem que é constituída de um arranjo grosseiro de pontos. Os olhos dos zangões (aqui um zangão saindo do casulo) são maiores que os das operárias e da rainha.

podemos ver essa cor através dos olhos de uma outra pessoa, e, assim, confirmar que sua impressão de "violeta" é a mesma nossa. Como, então, podemos nos imaginar na cabeça de uma abelha e entender a percepção que elas têm de mundo?

É possível obter uma impressão disso, quando se estuda o mundo sensorial das abelhas e o funcionamento de seu cérebro. A combinação de estudos anatômicos, fisiológicos e comportamentais de abelhas tem mostrado que as características das flores e os desempenhos perceptivos desses animais estão inseparavelmente interligados.

Principalmente dois domínios sensoriais estão coordenados entre abelhas e flores: o da visão e o do olfato. Para os seres humanos, o mundo aparente das flores também é determinado pelas cores e aromas. Contudo, as abelhas vivenciam as flores de uma maneira completamente diferente da nossa. O homem, cujo sentido estético é influenciado pelas flores, é nada mais que um "parasito contemplador" das suas características formadas durante a coevolução com as abelhas.

O sistema visual das abelhas distingue-se do nosso em praticamente todos os aspectos. Cada um dos dois olhos compostos das abelhas é constituído de cerca de 6.000 olhos simples (Figura 4.1). Desse modo, da disposição grosseira de pontos separados forma-se uma imagem do entorno. Nosso próprio sistema visual reproduz em cada olho uma imagem única fechada, formada por uma lente simples segundo as leis da óptica.

Como consequência da grosseira acuidade visual, as abelhas somente conseguem enxergar detalhes das flores a poucos centímetros de distância (Figura 4.2).

No entanto, antes de as abelhas visualizarem os detalhes florais, é necessário que elas reconheçam qual mancha na paisagem de fato é uma flor. As cores destacam as partes vegetais biologicamente importantes da base verde das folhas. As

Figura 4.2 Representação do mundo visual das abelhas, no qual detalhes ópticos se tornam visíveis somente pouco antes de elas pousarem nos objetos, como as flores. À esquerda: Cenário de flores visto por uma abelha a um metro de distância. Centro: Visão das flores a 30 cm de distância. À direita: Visão das flores a 5 cm de distância; nesta distância, as abelhas conseguem reconhecer particularidades da flor.

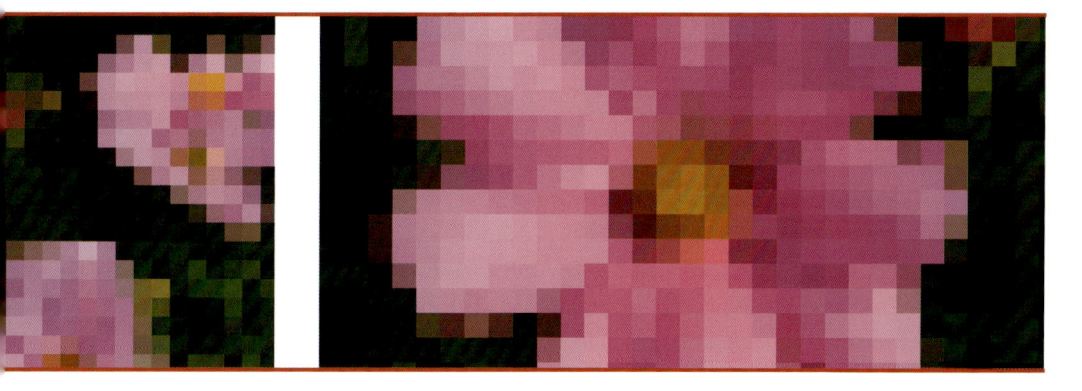

Figura 4.3 O arco-íris revela que os humanos veem apenas uma pequena porção das ondas eletromagnéticas do sol. Em relação aos humanos, o espectro de cores visto pelas abelhas é deslocado para a região das ondas curtas da luz solar. No campo de visão das abelhas o vermelho desaparece e na outra extremidade do arco-íris surge uma faixa ultravioleta.

aves e os primatas conseguem reconhecer facilmente frutos maduros coloridos, o que é importante para a dispersão das sementes através de animais frugívoros. Antes que as sementes possam ser dispersadas, as flores precisam ser visitadas pelos polinizadores. Para assegurar isso, as plantas empregam a mesma estratégia usada para os frutos: a cor como um anúncio.

Aqui é adequada uma comparação com a capacidade do homem de ver as cores. Um arco-íris a ilustra bem: o homem percebe os comprimentos de onda longos como o vermelho e os curtos como o violeta. Todas as outras cores são intermediárias (Figura 4.3).

No final da faixa de ondas longas, onde para o homem situa-se a cor "verme-

O fenômeno das abelhas   87

Figura 4.4 As abelhas percebem como preto os comprimentos de onda longos. Para o olho humano, as flores parecem vermelhas porque refletem luz com comprimento de onda longo.

lha", a luz estimula muito pouco as células fotorreceptoras das abelhas. Ao refletir predominantemente um comprimento de onda que não estimula a sensação visual, um objeto, como uma flor, é percebido como preto. Para as abelhas, portanto, um campo coberto com flores de papoulas vermelhas parecerá uma superfície salpicada de preto (Figura 4.4). A perda da percepção do vermelho é compensada por um ganho na extremidade da faixa de ondas curtas do espectro: abelhas veem luz ultravioleta (UV), o que não conseguimos com nossos olhos.

As pétalas de muitas flores possuem superfícies que refletem fortemente a luz UV e, assim, criam padrões para o olho da abelha que permanecem invisíveis para os humanos (Figura 4.5). Tais modelos podem auxiliar no pouso das abelhas coletoras, mas também podem ser empregados para facilitar a distinção entre diferentes tipos de plantas.

Aqui também vale a seguinte consideração: a significância de determinados aspectos dos desempenhos sensoriais de animais pode ser explicada pela sua relevância em um contexto biológico. As

Figura 4.5 Muitas flores possuem em suas pétalas partes que refletem a luz ultravioleta. Desse modo, estabelecem-se padrões ópticos (à direita) para o olho da abelha que ficam ocultos à percepção humana (à esquerda).

Figura 4.6 As abelhas que voam rápido não encergam as cores. Essas abelhas não se encarregam do trabalho da informação, que para elas é menos importante nessa situação. Um campo de flores colorido (à esquerda) parece pouco nítido para uma pessoa em movimento, embora ainda colorido (centro). Em comparação à pessoa, para o movimento de uma abelha, com igual velocidade e no mesmo campo, apresentam-se em três diferenças substanciais (à direita): 1. A imagem é composta de uma disposição grosseira de pontos. 2. A imagem pontilhada é nítida. 3. A imagem aparece em preto e branco.

abelhas usam a luz solar de ondas curtas para orientação no voo e as plantas utilizam essa capacidade óptica das abelhas como auxílio para pouso, apresentando a elas áreas das pétalas que refletem a luz de ondas curtas.

Isso se torna mais complexo: as cores que as abelhas enxergam dependem tanto do comprimento de onda da luz como da velocidade do seu voo. Até o contexto comportamental, no qual a abelha é ativa, influencia a sua visão das cores.

Quando voam apressadas através de uma paisagem, as abelhas o fazem com uma velocidade de cerca de 30 km por hora. Nessa velocidade, sua visão de cores está desativada, ou seja, elas ficam daltônicas (Figura 4.6, à direita).

As cores aparecem para elas somente no voo lento e no movimento vagaroso das flores. Biologicamente, esse fenômeno faz sentido, pois para as abelhas em voo rápido, as cores de objetos são informações desnecessárias. O pequeno cérebro das abelhas, então, ocupa-se com questões mais importantes para voos rápidos, como o reconhecimento de detalhes estruturais do ambiente, como o reconhecimento de obstáculos e de marcos referenciais para encontrar o caminho. Uma visão detalhada de muitos objetos e de padrões incolores, em sequência rápida, é mais importante para as abelhas que uma paisagem colorida, mas pouco nítida – como a que o olho humano percebe em movimento mais rápido.

Abelhas veem em "câmera lenta", como muitos outros insetos. Movimentos rápidos, que nos parecem confusos, são vistos com nitidez pelas abelhas (Figura 4.6, à direita). Movimentos repentinos com as mãos, que as pessoas assustadas fazem para afugentar abelhas e vespas, constituem claras ameaças. As ferroadas nas proximidades da boca das pessoas são causadas sobretudo pelos movimentos dos lábios ao falar.

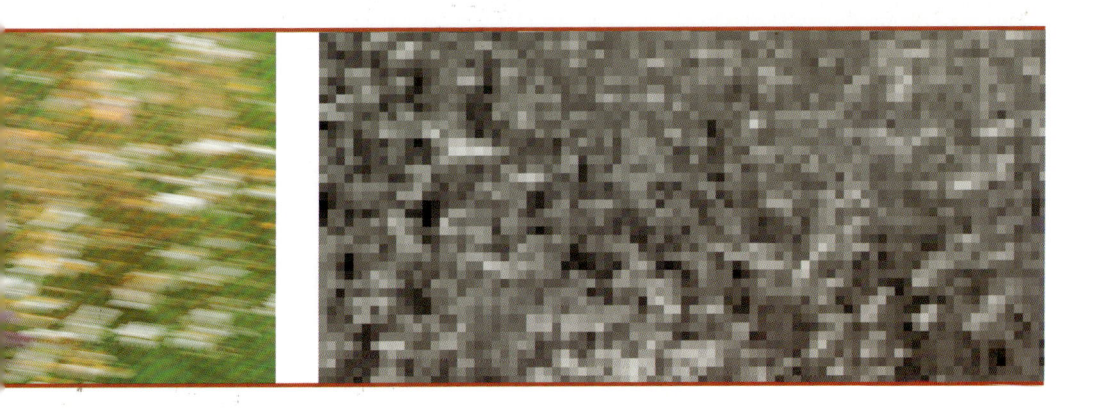

É raro que até o objetivo do voo tenha um efeito sobre a capacidade das abelhas de distinguirem cores. Os voos do ninho para o local de forrageio e desse local de volta para o ninho são situações bem diferentes para as abelhas, e não simplesmente apenas uma inversão de direção. Ao se aproximarem das flores, as abelhas apresentam um ótimo poder de distinção das cores. Tendo terminado a sua visita às flores e tomado o rumo de volta à colônia com o papo cheio, as cores passam a exercer um papel nitidamente menos importante. Assim, é muito difícil adestrar as abelhas pelas cores que vivenciam no voo a um local de alimento. Consequentemente, mesmo em voo lento, as abelhas têm dificuldades em distinguir cores no retorno para a casa. Por outro lado, sua acentuada capacidade de reconhecer e distinguir padrões ópticos não é influenciada pelo objetivo do voo. Colmeias coloridas são esteticamente atrativas para um observador humano (Figura 4.7). As abelhas, ao contrário, apresentam um péssimo desempenho quando sua capacidade de distinguir cores de colmeias é testada. Elas reconhecem apenas a cor azul e a preferem em relação a qualquer outra, mas não conseguem diferenciar com facilidade outras cores – bem diferente do local de alimento, onde elas são capazes de diferenciar mesmo as menores diferenças entre as cores. Superfícies coloridas simétricas, muitas vezes usadas pelos apicultores para auxiliar as abelhas no retorno à morada, têm menos utilidade que os marcadores de colmeia em forma de padrões (como barras horizontais ou verticais), que ajudam mais a encontrar o ninho certo. Imagens coloridas, principalmente zonas atrativas em entradas de colmeias – um clássico ornamento de colmeia em muitas regiões –, são ideais para abelhas e homem, pois oferecem às abelhas padrões de fácil distinção e aprendizado e, ao mesmo tempo, brindam o observador com pequenas obras de arte (Figura 4.7).

O contexto comportamental – expresso aqui pelas situações opostas de abelhas voando até a flor-alvo ou de volta para o ninho – determina, portanto, a vivência de mundo das abelhas.

A percepção visual de uma sequência rápida de imagens é importante não apenas quando as abelhas percorrem uma paisagem, mas também quando necessitam reconhecer outras abelhas que voam rápido, as quais elas podem seguir. Isso se aplica, por

Figura 4.7 Colmeias artificiais, decoradas com imagens coloridas nas partes dianteiras (acima), auxiliam mais na orientação das abelhas do que superfícies monocromáticas (à direita).

Figura 4.8 As flores pequenas sobre caules delgados são movimentadas mesmo pela mais leve brisa, atraem a percepção de movimento das abelhas e, com isso, chamam a atenção delas, apesar do tamanho diminuto e das cores tênues.

exemplo, ao comportamento reprodutor, quando as abelhas reconhecem uma rainha em voo nupcial, seguindo-a ou acompanhado-a, ou quando operárias perseguem zangões em voo (como será tratado no Capítulo 7). O mesmo vale para o comportamento de enxames, quando as abelhas em conjunto voam para a nova casa, ou para chegadas de enxames pequenos compostos de coletoras recém-recrutadas e de abelhas conhecedoras do local de alimento.

As flores são fixas ao local. Por isso, é surpreendente que as abelhas tenham uma alta sensibilidade visual para o movimento, o que é empregada pelas flores igualmente em seu proveito.

Assim como as colônias de abelhas competem pelas flores, as flores competem pela abelhas. As flores maiores e mais coloridas deveriam se destacar mais na visão das abelhas, atraindo, assim, mais visitantes que as competidoras menos vistosas. Contudo, sob essas circunstâncias, como as plantas com flores pequenas também conseguem atrair visitantes? As flores pequenas são bem reconhecíveis pelas abelhas quando estão em caules delgados facilmente movimentados. Mesmo as brisas mais leves movimentam essas flores e as tornam, assim, muito visíveis para as abelhas (Figura 4.8).

As flores são não apenas coloridas, mas também se destacam, muitas vezes, pelos seus aromas característicos, perceptíveis pelos seres humanos. Novamente as abelhas constituem o grupo-alvo mais importante dessa outra forma de divulgação das flores. O "nariz" das abelhas é representado por milhares de células sensoriais sobre as antenas. O microscópio eletrônico de varredura revela a multiplicidade dessas estruturas sensoriais (Figura 4.9).

Figura 4.9 As duas antenas das abelhas são dotadas dos mais diferentes tipos de receptores sensoriais. Os sentidos do tato, da temperatura, da percepção da umidade do ar e, principalmente, do olfato são localizados nas antenas. A diferente aparência das milhares de sensilas reflete essa multiplicidade de percepções. A reprodução de uma foto da superfície de uma antena, aqui aumentada em 400 vezes, permite distinguir as diferentes formas dos órgãos de sentido.

Os aromas podem atrair as abelhas a distâncias muito grandes, ao contrário da aparência das flores, que é percebida por esses animais apenas quando estão perto delas e em voo lento. Em ar parado, os aromas se dispersam difusamente e auxiliam pouco na orientação. No entanto, quando o ar se movimenta e transporta as moléculas aromáticas, o movimento do ar conduz as abelhas até o objetivo. Se observarmos, junto a uma flor, a chegada de uma abelha, constataremos pousos contra a direção do vento. Isso não tem relação com antiga estratégia de voar contra o vento (de pilotos humanos) para a estabilização do voo no pouso, mas com o fato de as abelhas à procura de néctar farejarem ao encontro das flores. Se identificarem o aroma das fontes de alimento, mas não a sua localização na paisagem, as abelhas podem chegar rapidamente ao seu objetivo, quando uma corrente de ar desloca-se das flores em direção ao ninho. Em outros casos, as abelhas realizam voos circulares até se depararem com uma corrente com o aroma desejado, que as levará ao encontro das flores.

A constância floral e as abelhas coletoras

Em princípio, as flores podem combinar, de diferentes maneiras, as características "imagem" e "aroma". Cor, forma e aroma complementam-se, resultando, assim, na "feição" típica das flores, que as abelhas reconhecem e que deve distingui-las de outros tipos de flores. Essa capacidade de distinção é uma condição prévia para um fenômeno muito importante tanto para abelhas como para flores: a constância floral das abelhas coletoras. As abelhas coletoras não visitam indiscriminadamente toda flor que encontram, assim como outros visitantes de flores (p. ex., borboletas ou moscas). Elas dão preferência à mesma planta florífera na qual iniciam a cada dia sua atividade (Figura 4.10). Para as plantas, essa constância floral tem uma enorme vantagem, pois o pólen acaba não caindo em estigmas de flores de espécies diferentes, o que evita o desperdício. Para as abelhas, a constância floral oferece a possibilidade de adaptação ao tipo de flor comumente visitado e de obtenção rápida do néctar.

Visto que cor, forma e aroma podem, em princípio, ser associados em um número infinito de combinações, não basta a possibilidade de armazenamento no genoma para proporcionar às abelhas o conhecimento inato sobre a natureza das muitas formas de flores. A solução que as abelhas encontraram consiste em adquirir um grande poder de aprendizado geneticamente condicionado, que é utilizado para captar os detalhes da feição floral, constituída de componentes visuais e aromáticos.

As abelhas possuem uma capacidade de aprendizado altamente desenvolvida. Basta um único contato com um determinado aroma para armazená-lo na sua memória e depois poder identificá-lo com 90% de certeza entre outros odores. Isso funciona tanto para odores quimicamente puros quanto para os que são constituídos de muitos componentes. Após duas ou três experiências positivas com esses odores, as abelhas se tornam infalíveis nas suas escolhas. Essa capacidade de aprendizado comprova a grande importância dos odores para as abelhas. As abelhas não aprendem formas e cores tão rapidamente; três a cinco saídas de treinamento são necessárias.

As capacidades de aprender e de distinguir estímulos olfativos e ópticos são tão intensas nas abelhas, que experimentos com esses insetos (Figura 4.11) revelaram capacidades cognitivas equivalentes às de vertebrados inferiores. Mesmo

Figura 4.10 As abelhas exibem constância floral e continuam a visitar por mais tempo o mesmo tipo de flor, enquanto outras flores vizinhas, também vantajosas, permanecem despercebidas. Nas imagens de vegetação campestre acima, flores azuis (de chicória, *Cichorium intybus*) e amarelas (de *Hieracium* sp.) estão misturadas. As abelhas que iniciaram seu *tour* de colheita nas flores amarelas ignoram as flores azuis vizinhas (acima); as que começaram pelas flores azuis ignoram as amarelas à esquerda (abaixo).

Figura 4.11 Experimento comportamental delineado para testar capacidades cognitivas das abelhas. Se escolherem o padrão correto para o qual foram treinadas, as abelhas encontrarão uma bandeja de alimento como recompensa atrás da parede marcada.

desempenhos "intelectuais" abstratos, cujo significado biológico ainda não está claro, puderam ser demonstrados: as abelhas conseguem reconhecer a orientação de determinados padrões no espaço, independente da sua orientação corporal, que oscila fortemente durante o voo. Além disso, determinadas atividades comportamentais treinadas levam à interpretação que as abelhas estão cientes da existência de pares conceituais abstratos como "direito" e "esquerdo", "simétrico" e "assimétrico", bem como "igual" e "desigual". As abelhas podem até distinguir "mais" de "menos" – o que poderia ser considerado uma forma simples de contar. A partir de suas experiências, as abelhas estão em condições de abstrair determinadas regras de comportamento e aplicá-las mesmo a situações totalmente novas. Assim, elas aprendem rapidamente os sinais a serem seguidos para poderem se orientar em labirintos totalmente desconhecidos, quando esses labirintos estão marcados com sinais semelhantes.

Além do mais, as abelhas aprendem rapidamente a relacionar diferentes lugares e diferentes épocas com determinadas decisões. Como as flores em locais diferentes produzem quantidades distintas de néctar em momentos diferentes do dia, um planejamento do programa de trabalho das abelhas é importante para tornar o voo de colheita mais produtivo possível. As pesquisas confirmam que as abelhas estão em condições de cumprir um plano diário previamente estabelecido e exercer a tarefa correta no momento certo e no local certo (ver também Figuras 4.14 e 4.15).

Isso é a verdadeira "inteligência das abelhas".

A procura pelo néctar

Abelhas coletoras que sobrevoam conjuntos de flores à procura de néctar ou pólen não realizam a busca em todas as flores, mas sim passam direto por algumas delas. Por trás disso encontram-se estratégias de busca inatas e aperfeiçoadas, segundo as quais o melhor caminho para economizar tempo e energia nem sempre é visitar cada flor próxima. A tarefa de aperfeiçoar uma sequência de visitas aos roteiros de viajantes comerciais que são planejados para tornar mais eficiente as visitas aos destinos escolhidos. Além disso, há as mensagens que são deixadas pelas visitantes anteriores, que funcionam como advertência às novas. Como em zona de entrada de uma colônia de abelhas circulam muitas coletoras para visitar e explorar flores e que estas necessitam de tempo para repor os estoques de néctar extraídos, as coletoras que retiram a última gota de néctar marcam a flor com um sinal químico que significa "momentaneamente esvaziado". Esse sinal químico enfraquece tão logo o estoque de néctar é reposto. As abelhas que sobrevoam tais flores já recebem essa mensagem antes do pouso, não precisando gastar tempo com a procura de néctar em flores vazias.

O caminho para o néctar

Figura 4.12 A enorme multiplicidade de formas florais representa um problema prático para as abelhas coletoras, à medida que precisam reduzir o gasto de tempo e energia para a exploração das flores.

A multiplicidade de formas oferecidas pelas flores coloca as abelhas diante de um problema prático. Cada forma floral representa um desafio próprio para a estrutura corporal das abelhas no caminho para o néctar (Figura 4.12). Os obstáculos próprios de cada flor devem ser superados, e os nectários de flores diferentes localizam-se em lugares distintos. Por meio de tentativa e erro, as abelhas descobrem o acesso mais econômico em tempo e energia às gotas de néctar e a melhor estratégia para colher o pólen.

Visitas regulares ao mesmo tipo de flor, com base na constância floral no comportamento de colheita, reduz o gasto de tempo e energia para alcançar o néctar e aumenta o seu desempenho na exploração das flores.

Onde estou, para onde quero ir?

A colônia de abelhas tem um "endereço fixo", levando, assim, uma vida sedentária. Isso não é um problema, enquanto os animais permanecem em casa. Na maior parte da vida, as abelhas não deixam seu ninho. No entanto, um fluxo de matéria e energia precisa ser garantido. Por isso, as abelhas coletoras não têm escolha: elas devem enfrentar a vida hostil em busca de flores. Após seus voos, elas precisam encontrar o caminho de volta para a colônia. E uma vez descoberto um abundante conjunto de flores, elas devem ser capazes de encontrá-lo novamente em outros voos.

Para a orientação fora do ninho, as abelhas usam auxílios terrestres e celestiais. De uma parte do trajeto à outra e orientando-se com referenciais terrestres (como árvores, arbustos, etc.), elas se locomovem em direção ao objetivo. Para isso, elas usam árvores, arbustos e outros pontos de referência notáveis. Também aqui é atribuída aos sentidos visual e olfativo uma extrema importância. Contudo, esse método de orientação pressupõe que a abelha se encontre em locais conhecidos, já explorados por ela. Para tanto, como uma preparação para a vida de coletora, as abelhas executam voos de orientação próximos à colmeia, nos quais tomam contato com as características do entorno. Em voos de orientação sucessivos, que inicialmente nunca duram mais que poucos minutos, elas deixam a colmeia cada vez em uma direção diferente Assim, elas "mapeiam" o entorno do ninho, sendo que a colmeia se localiza no centro da figura imaginária em forma de estrela (que representa seus trajetos de voo). Para facilitar o encontro do caminho de volta, abelhas mais velhas se colocam ocasionalmente na entrada da colmeia, abrem as glândulas de Nasanov na extremidade do abdome e liberam uma substância aromática chamada geraniol, um composto químico cujo odor lembra o do gerânio (*Geranium*). Elas dispersam o geraniol no entorno através das vibrações de suas asas (Figura 4.13).

Quando voam também por distâncias longas até os locais de alimento, as abelhas fixam os pontos de referência ao longo do trajeto entre os objetivos e a colmeia.

Para se orientar em deslocamentos por áreas desconhecidas, a bússola é um instrumento extremamente útil. As abelhas acabam se guiando pela posição do sol ("bússola" no céu) para se localizarem. Se o sol não estiver visível, o modelo de polarização do céu pode ser usado. Nele, a imagem física é aproveitada pela atmosfera terrestre de tal modo que a luz, que parte de um estado de oscilação desordenado do sol, é polarizada pela atmosfera terrestre. Com isso, o céu adquire uma

Figura 4.13 Ao retornarem à colmeia, as abelhas jovens recebem ajuda de pouso das abelhas mais experientes, as quais liberam um odor atrativo de suas glândulas de Nasanov localizadas no abdome, dispersando-o por vibrações das asas.

constituição óptica que é perceptível com recursos apropriados. Um desses recursos encontra-se na anatomia do olho da abelha, que, por isso, é capaz de distinguir luz polarizada de luz não polarizada. Entretanto, o modelo de polarização do céu pode ser distorcido por influências da atmosfera, bem como pela densidade do ar, que se altera com a temperatura e a umidade. Para ser útil, um auxílio de orientação deve ser confiável e menos perturbável possível. Quanto mais curto o comprimento de onda da luz polarizada, mais estável é o modelo de polarização celeste e, assim, mais apropriado como auxílio na orientação.

A luz de onda mais curta que as abelhas podem ver é a ultravioleta. Como a orientação e o encontro do caminho de volta para a colônia são muito importantes para as abelhas coletoras, elas desenvolveram evolutivamente a capacidade de perceber a luz ultravioleta. A essa capacidade das abelhas – originalmente desenvolvida para reconhecer o modelo de polarização do céu – "juntaram-se" as flores com a formação de modelos refletores de luz ultravioleta em suas peças florais. Elas proporcionam às abelhas auxílios visuais para o pouso em suas flores e, além disso, lhes possibilitam fazer a distinção entre flores de espécies diferentes. Essa possibilidade de distinção também é importante para as plantas, para, através das abelhas, conduzir o pólen certo para a flor certa.

Figura 4.14 Uma abelha coletora chega em uma flor, que ela já visitara com sucesso no dia anterior antes do seu florescimento.

Sinais do tempo

O uso de sinais do céu, como a posição do sol e o modelo de polarização da luz solar para a orientação, leva à necessidade de se considerar as mudanças que acompanham a rotação diária da Terra. As abelhas possuem um sentido temporal que lhes permite compensar a mudança contínua na localização de suas referências, mesmo após longas pausas (de até algumas horas) entre voos consecutivos. As abelhas, então, "calculam" a direção original, apesar das novas posições relativas das referências de orientação. Esse fato fez com que Karl von Frisch (1886-1982) compreendesse a natureza da comunicação pela dança: abelhas coletoras, que visitaram durante o dia inteiro o mesmo local de alimento, "dançaram" em direções diferentes pela manhã e à tarde. Disso, von Frisch concluiu que o sol deve ter sido usado para auxiliar na orientação.

O sentido temporal possibilita também observar períodos limitados da antese de determinadas flores.

Para diminuir a competição pela visita das abelhas, as plantas podem "sair do caminho" enquanto oferecem a esses animais a recompensa em diferentes períodos do dia. Determinadas flores limitam a produção de néctar a determinadas horas no dia, e as abelhas são capazes de assimilar esse horário. Elas ajustam suas visitas e aparecem nas flores adequadas no momento certo (Figura 4.14). Mesmo quando muitas flores estão misturadas em locais visitados, as abelhas aprendem não apenas em que local devem estar em um determinado momento, mas também quais flores devem visitar. Elas também reconhecem quando não vale mais a pena visitar uma fonte de alimento (Figura 4.15).

Uma fonte rica em alimento, visitada em um tempo bom para voo, pode ser rapidamente eliminada da memória das abelhas, caso não tenham mais nada a oferecer. Por outro lado, quando as condições do tempo as impedem de deixar a colmeia, elas mantêm na memória o local das últimas visitas por até uma

Figura 4.15 Uma vez murcha, a flor perde também sua atratividade para as abelhas.

O fenômeno das abelhas 101

semana. Assim, quando o tempo for novamente favorável, elas podem retornar diretamente ao ponto onde pararam. O aprendizado e o esquecimento estão perfeitamente adaptados a cada situação biológica.

Como as abelhas "conversam" sobre flores

As flores precisam ser descobertas antes de serem exploradas. Em uma pequena porcentagem, abelhas mais velhas atuam como observadoras da região, à procura de novos mananciais floríferos. Logo após a sua descoberta (de poucos minutos até meia hora), as flores que atraíram a atenção dessas "abelhas desbravadoras" receberão visitas de um número crescente de abelhas. O crescimento do número de visitantes ocorre muito rápido para resultar da descoberta aleatória de cada abelha. De fato, as abelhas recém-chegadas são informadas no ninho sobre a descoberta e, depois, recrutadas como coletoras.

Neste caso, a comunicação que acontece entre abelhas "informadas" e "não informadas" é altamente complexa e ainda não compreendida satisfatoriamente. Ela consiste em uma cadeia de padrões comportamentais que se sucedem na colmeia e no campo. Um elo dessa cadeia é a assim chamada "linguagem da dança", que Karl von Frisch descobriu e que se tornou uma das formas de comunicação de animais mais estudadas e mais bem conhecidas.

Tendo descoberto uma cerejeira florida, uma abelha retorna à colmeia com um pouco de néctar. Ela transfere o néctar às abelhas receptoras e sai novamente da colmeia, para retornar à mesma cerejeira. Isso é repetido muitas vezes, sendo cada vez mais rápido o caminho da colmeia para o local de colheita e deste de volta para a colmeia. Presume-se que esse ganho de tempo resulte de um encurtamento do trajeto de voo, que se torna mais direto. Tendo encontrado o trajeto mais rápido, o que pode exigir até dez voos, a abelha começa a dançar na colmeia.

Karl von Frisch constatou que, ao descobrirem fontes situadas a menos de 50 a 70 m de distância da colmeia, as abelhas realizam uma dança em círculo (Figura 4.16).

Uma dança em círculo contém pouca informação sobre o local de alimento. É dada apenas uma indicação sobre o que é necessário procurar e que essa fonte se encontra bem próxima ao ninho. Uma abelha que retorna de uma visita a uma cerejeira terá odor de cereja. Uma cerejeira pode ser facilmente localizada depois de alguns voos nos arredores da colmeia.

Se os locais de alimento se situam a uma distância maior, a indicação sobre a sua localização é de grande ajuda e evita voos longos de procura. Na tentativa de recrutar ajudantes, a abelha fornece essa informação com a dança do requebrado. Determinados aspectos da coreografia correspondem à localização da fonte visitada, de modo que um observador pode saber onde ela está situada.

O movimento de uma abelha na dança do requebrado é tão intenso e regular que atraiu muita atenção na pesquisa sobre comportamento. As possibilidades técnicas modernas, como tomadas de vídeo em câmera lenta, registram detalhes impressionantes: a dança do requebrado recebe sua denominação da parte da dança em que a abelha, mais ou menos 15 vezes por segundo, joga seu corpo alternadamente de um lado para outro. Em seguida, a abelha caminha em forma de arco para o ponto onde iniciou o requebrado, repete o requebrado e se desloca pelo outro lado novamente para ponto de partida (Figura 4.17).

Um ciclo completo de dança dura apenas poucos segundos e acontece em uma superfície de 2 a 4 cm de diâmetro. Não surpreende, portanto, que somente a filmagem em câmera lenta tenha revelado particularidades de um movimento tão rápido e realizado em um espaço tão pequeno. Assim, foi possível reconhecer que o "requebrado da cauda" é uma ilusão de ótica, condicionada pela vibração rápida do corpo e pela impulsão do corpo para frente (bem visível). Na realidade, a abelha mostra mais um "estado de requebrado" que um "andar do requebrado". Nessa fase do requebrado, ela fica o máximo possível com seus seis pés fixos ao substrato e empurra o seu corpo para frente. Algumas abelhas ficam momentaneamente separadas do favo enquanto procuram um apoio mais estável ou quando, devido à extensão máxima da perna no constante movimento do corpo, um ou outro pé precise ser posto para frente (Figura 4.18).

As danças de abelhas ocorrem quase exclusivamente em uma pequena área perto da entrada da colmeia. Nessa área de dança, as dançarinas encontram-se com as abelhas coletoras que estão interessadas na mensagem. Essa "praça" de notícias é reconhecida quimicamente pelas abelhas. Se essa área fosse cortada e recolocada em um local diferente da colmeia, as abelhas procurariam até encontrá-la, antes de continuarem sua dança.

As dançarinas e as suas "imitadoras", das quais participam até dez abelhas ao redor, executam um balé em que todos os movimentos das participantes estão perfeitamente sincronizados (Figura 4.19).

Assim como os movimentos das dançarinas, a coreografia das imitadoras também obedece a um programa exato. A colocação sequencial dos pés e o giro dos corpos são estereotipados. Essa coreografia também foi revelada somente por meio da análise de registros em câmera lenta. Apenas aquelas imitadoras que

Figura 4.16 Tendo descoberto uma fonte de alimento nas proximidades da colmeia, a abelha coletora realiza uma dança em círculo.

Figura 4.17 Tendo descoberto uma fonte de alimento distante da colmeia, a abelha realiza a dança do requebrado.

O fenômeno das abelhas   105

Figura 4.18   A técnica de comunicação das abelhas exige que as pernas da dançarina permaneçam fixas o maior tempo possível. Para que isso seja possível, a dançarina apresenta um "estado do requebrado", em vez de um "andar de requebrado". Os seis pés (aqui marcados por pontos brancos) mantêm contato (tanto tempo quanto é mecanicamente possível) com as bordas das células, enquanto o corpo em requebrado é empurrado para frente sobre os pés estacionários (direção das setas).

Figura 4.19   As dançarinas imitadoras podem seguir uma dançarina por muitas voltas e fixar a mensagem sobre o local do objetivo, somente quando seus movimentos são estereotipados e se ajustam exatamente aos da dançarina.

executam todos os detalhes da sequência de movimentos, inclusive movendo-se cada vez ao redor da cabeça da dançarina pelo lado interno do ciclo de retorno, podem se manter "no ritmo" por várias voltas sequenciais da dança.

A figura da dança do requebrado contém partes de movimento que têm relação com a posição e outras condições do local de alimento. Como se pode descrever o caminho para um objetivo? A descrição do caminho pode ser construída a partir de uma soma de informações descritivas detalhadas: ande 100 metros ao longo da rua da estação ferroviária, até o primeiro semáforo; lá, vire à esquerda, até o segundo cruzamento; siga este para a direita, até a "Pousada da Abelha". Então, siga à direita na primeira rua depois da pousada e, após cerca de 200 metros, você encontrará o correio, do lado direito da rua.

Uma descrição complexa como esta não é problema para o ser humano, mas claramente ultrapassa as possibilidades de um pequeno cérebro de abelha. Porém, não há necessidade de uma descrição complicada do trajeto até o objetivo, pois uma abelha pode voar em linha reta. Esse trajeto mais curto pode ser descrito por um único vetor, que aponta diretamente para o objetivo e mostra a distância a ser percorrida para alcançá-lo (Figura 4.20).

Ao voarem, as abelhas utilizam esse procedimento. Após horas de paciente observação de danças do requebrado, Karl von Frisch percebeu que a orienta-

Figura 4.20 As abelhas definem a direção entre o ninho e a fonte de alimento por meio de uma bússola solar. Desse modo, resulta um vetor que, partindo da colmeia, indica o local de alimento e cuja direção se relaciona com a posição do sol.

ção da fase do requebrado sobre o favo mudava continuamente durante o dia, embora sempre as mesmas abelhas da mesma colmeia visitassem o mesmo local de alimento. O que mudava sempre, como a orientação das danças, era a posição do sol. Karl von Frisch reconheceu que a mudança sistemática na direção da dança tinha relação com a mudança da posição do sol durante o dia, e confirmou que a informação direcional estava contida na dança.

Não existem direções absolutas e em todos os casos precisa ser indicada uma direção de referência. A posição do sol ou aspectos do padrão de polarização do céu compõem esse ponto de referência fora da colmeia. Na colmeia escura, as danças acontecem nos favos pendentes verticalmente. Assim, a direção para baixo da força da gravidade pode ser usada como ponto de referência.

As abelhas traduzem o ângulo (indicado a elas na dança de meneio) entre a linha "posição do ninho-posição do sol" e a linha "posição do ninho-posição da fonte" (Figura 4.21). Em caso de céu encoberto, o padrão de polarização do céu lhes dá uma indicação da posição do sol.

A codificação da direção na dança do requebrado depende da disponibilidade de um ponto de referência seguro, como a gravidade, com a qual podem ser relacionadas as mensagens direcionais. A codificação exata da direção do objetivo só é possível se os favos penderem exatamente na vertical; um ângulo diferente deste inviabiliza a comunicação. Na verdade, não

Figura 4.21 A figura de uma dança do requebrado contém as indicações sobre a direção e a distância do ninho até a fonte de alimento, que a abelha coletora mediu durante o voo. No escuro da colmeia, a direção da gravidade é substituída pela posição do sol, registrada pela abelha durante seu voo (seta).

existe essa forma de comunicação em outras colônias de insetos, como mamangavas, vespas e abelhas tropicais sem ferrão, que não apresentam superfícies verticais em seus ninhos. Em muito poucas abelhas sem ferrão tem sido registrada a construção de favos pendentes verticalmente. Seria muito interessante verificar se estas espécies desenvolveram uma linguagem de dança semelhante à das abelhas, o que não seria surpresa, a partir de motivos arquitetônicos do ninho.

A dança do requebrado das abelhas contém, além disso, uma indicação sobre a distância entre a colmeia e o local de alimento, o que ajuda significativamente na busca. Ao seguir a direção indicada para uma fonte de alimento com o mesmo odor da dançarina, uma imitadora pode chegar sozinha ao objetivo. Em comparação à informação direcional, a indicação de distância na dança está associada a muitos problemas que ainda precisam ser discutidos.

A correlação que pode ser constatada é inequívoca: com basicamente a mesma velocidade de movimento do requebrado, quanto mais longo é o lapso de tempo da fase do requebrado, maior é a distância a ser percorrida até a fonte. Na verdade, o lapso de tempo da fase do requebrado cresce proporcionalmente à distância apenas nos primeiros 100 m de voo; após, ele aumenta muito lentamente, de modo que as indicações de distância para objetivos mais afastados tornam-se menos precisas. Entre um e três quilômetros, praticamente não há distinção na dança de meneio.

Esse não é o único problema com as indicações de distância: para a definição da distância de voo transmitida na dança, as abelhas usam um hodômetro visual que fornece dados de distância apenas relativos.

Ao voar por um ambiente estruturado, a imagem de objetos se move através das facetas na superfície do olho composto da abelha. Isso resulta em um "fluxo óptico" no campo visual da abelha, que a auxilia na determinação da sua velocidade de voo. Os seres humanos são capazes de perceber isso muito bem, com base em imagens externas, quando estão em um veículo em movimento. No entanto, a partir do fluxo óptico, as abelhas conseguem calcular a distância voada, o que para os seres humanos é quase impossível.

Esse princípio óptico de um hodômetro possibilita realizar experimentos, com os quais se adquire muito conhecimento sobre o mundo de percepção das abelhas. Abelhas que voam para o local de alimento através de um túnel estreito com paredes padronizadas experimentam um fluxo óptico aumentado artificialmente ao longo de uma distância pequena do caminho que precisam voar (Figura 4.22).

Consequentemente, essas abelhas enganadas traduzem esse fluxo óptico em uma fase do requebrado correspondentemente longa. Esse simples engano na distância estimada abre uma janela ao mundo subjetivo das abelhas, em que as medições do comprimento da fase do requebrado são uma indicação da distância que as abelhas acham que precisam percorrer.

O uso do "túnel da ilusão" confirmou antigas ideias, desmentiu outras, esclareceu outros pontos de discussão e trouxe seguintes pontos de vista novos:

Figura 4.22 Abelhas coletoras treinadas a voar através de um túnel estreito com paredes padronizadas, no seu caminho para a fonte de alimento, experimentam uma rápida sequência de imagens à medida que voam junto às paredes. O elevado fluxo óptico resultante leva a uma dança do requebrado em que a distância de voo real é erroneamente traduzida.

- Refutou a opinião que as abelhas usam consumo de energia como medida da distância de voo.
- Confirmou o uso do hodômetro visual.
- Confirmou a antiga suposição que a medição da distância é feita no voo da colmeia para o local de alimento e não no voo de retorno.
- Esclareceu a controvérsia de décadas sobre o papel da dança do requebrado. Na pesquisa foi questionado se as abelhas imitadoras seguem ou não as informações contidas na dança do requebrado. O túnel da ilusão permite formar abelhas "mentirosas" que visitam um local de alimento a 6 metros de distância, mas que na dança reproduzem erroneamente uma distância 30 vezes maior. As recrutas pesquisadas não foram encontradas voando ao redor da fonte indicada, mas em

uma área muito mais distante, onde não havia nada de atrativo para elas. Portanto, a informação da dança do requebrado é usada de fato.
- Levou à compreensão (com auxílio dos padrões de cores nas paredes do túnel) que, dos três tipos de células visuais sensíveis a cores no olho composto das abelhas (que reagem, respectivamente, com maior sensibilidade às cores ultravioleta, azul e verde), apenas o receptor do verde é usado para medir a distância. Esse procedimento econômico do mecanismo de percepção das abelhas faz sentido, pois o verde é a cor mais comum da vegetação.

A simples possibilidade de manipulação da dança das abelhas mediante o túnel da ilusão demonstrou que as distâncias indicadas pelo hodômetro visual desses animais eram influenciadas pela estrutura da paisagem ao longo da rota de voo. Isso foi comprovado através de um experimento: uma rota de voo que passou por uma paisagem de aparência uniforme resultou em uma dança com uma fase de requebrado curta, ao paso que uma rota de voo, igualmente distante, através de uma paisagem de estrutura complexa levou a uma fase de requebrado longa. Se as abelhas voarem a locais de alimento igualmente distantes, mas localizados em diferentes direções, as fases do requebrado de suas danças, e as indicações da distância, podem diferir por um fator de dois. Uma fase de requebrado de 500 milissegundos pode significar, em um voo para o sul, um trajeto de 250 m e, em um voo da mesma colmeia para o oeste, 500 m (Figura 4.23).

Disso resultam duas conclusões:
- O hodômetro das abelhas não fornece quaisquer informações absolutas de distância, mas é útil somente quando as abelhas seguidoras deixam a colmeia na direção de voo (e na altura) exatamente igual à da dançarina.
- Há necessidade de repensar criticamente a ideia de que, na tradução de trajetos de voo do mesmo comprimento, abelhas de raças diferentes se distinguem na duração da fase do requebrado, porque suas linguagens de dança têm "dialetos" distintos.

A duração da fase do requebrado exibe diferenças apenas mínimas, quando as danças de raças diferentes de abelhas são comparadas para o mesmo trajeto de voo. No entanto, comparando-se as danças de abelhas da mesma raça, mas com trajetos de voo geograficamente diferentes, revelam-se diferenças dependentes da paisagem claramente maiores que as diferenças dependentes da raça. Se for examinada a codificação da distância de voo na dança das abelhas de raças diferentes em áreas distintas, é preciso, portanto comparar as propriedades visuais da paisagem, em vez das características das abelhas.

Figura 4.23 Dependendo da direção, por via de regra, a partir de uma colmeia resulta uma outra imagem da paisagem. Detalhes diferentes da paisagem, sobre a qual as abelhas voam, evocam fluxos ópticos de intensidades variáveis, e levam a diferenças no comprimento das fases de requebrado para as mesmas distâncias voadas no campo.

O fenômeno das abelhas

Trajeto de voo igual

Trajeto de voo igual

Uma condição fundamental para a tradução da informação da distância relativa na dança é que a rota de voo da dançarina deve ser exatamente igual à das imitadoras. Disso é possível concluir que existe uma enorme pressão de seleção sobre a transmissão exata e a subsequente execução da informação da direção contida na dança do requebrado.

As dançarinas informam outros detalhes importantes sobre a rota de voo e a fonte de alimento, além de informações geográficas da localização do objetivo. Fontes de alimento atrativas estimulam danças intensas, ao passo que fontes menos atrativas estimulam danças menos intensas. As danças intensas acontecem quando as dançarinas percorrem muito rápido os trajetos de volta ao ponto de partida da fase do requebrado, enquanto nas danças menos intensas o retorno ao ponto inicial é relativamente lento. A duração da fase do requebrado que contém a informação de distância não é influenciada pela atratividade de uma fonte de alimento.

Mas o que é uma fonte de alimento atrativa?

As abelhas integram muitas impressões diferentes em uma única impressão geral. Isso inclui as características diretas dos alimentos, bem como múltiplas experiências no trajeto de voo: uma concentração alta de açúcar no néctar aumenta a intensidade da dança; dificuldades no trajeto até o local de alimento (p. ex., ventos fortes, ameaças de inimigos percebidas ou passagens estreitas) reduzem-na. Danças intensas atraem o interesse de um maior número de imitadoras e levam mais recrutas aos locais de alimento correspondentes.

Uma dançarina sabe o que expressa, pois, durante os voos entre a colmeia e o local de alimento, ela reúne as informações necessárias do ambiente. Porém, como as imitadoras recebem a mensagem? Neste caso, registros de vídeo extremamente lentos ofereceram informações valiosas. As imitadoras usam suas antenas para detectar a mensagem da magnitude de movimentos que codifica a direção e a distância na sequência repetida da coreografia da dança. Durante a dança do requebrado, as imitadoras permanecem corretamente posicionadas e paradas, com suas antenas estendidas e rígidas, mantendo entre si um ângulo de 120 a 150°. Nesse momento, elas estão tão próximas da dançarina, que o seu abdome, ao mover-se lateralmente, pressiona ritmicamente as antenas. Durante a fase do requebrado, as duas antenas de uma imitadora são deslocadas ao mesmo tempo, quando ela se encontra exatamente em ângulo reto e lateralmente em relação à dançarina, e alternadamente quando ela se encontra exatamente atrás da dançarina. Para posições intermediárias, resultam respectivos padrões mistos correspondentes (Figura 4.24).

Uma vez que a dançarina se desloca para frente na fase do requebrado, enquanto as imitadoras estão paradas, o padrão de movimento das antenas muda de maneira previsível. Cada imitadora conhece a orientação do seu próprio corpo sobre o favo, pois ela dispõe de órgãos sensores da gravidade (▶ Figura 7.12). Se combinar a informação da sua própria orienta-

O fenômeno das abelhas   113

Figura 4.24 Na colmeia escura, as antenas das abelhas imitadoras detectam os movimentos das dançarinas como uma "bengala de cego". O corpo da dançarina, oscilando ritmicamente para ambos os lados enquanto faz a dança do requebrado, bate nas antenas rigidamente estendidas das dançarinas imitadoras. Para cada posição das imitadoras resultam padrões temporais característicos para o contato com ambas as antenas. Assim, a informação sobre a duração da fase do requebrado (distância até a fonte de alimento) e a localização da dançarina em relação à gravidade (direção da fonte de alimento) são codificadas.

ção com o padrão de contato das antenas, a imitadora terá a orientação da dançarina sobre o favo. A duração da dança do requebrado que codifica a distância do voo corresponde à duração total da estimulação das antenas das imitadoras.

Ainda não estão esclarecidas todas as dúvidas a respeito do balé das dançarinas e das imitadoras. Atualmente, estamos na mesma situação dos pesquisadores logo após a descoberta da linguagem da dança:

temos uma clara correlação entre a localização da dançarina e das imitadoras e conhecemos o padrão de movimentos das antenas resultante disso. Ainda precisamos confirmar se os movimentos das antenas são usados como informação.

Abelhas dançarinas e imitadoras encontram-se na área de dança da colmeia, que é quimicamente reconhecível e talvez marcada de propósito por elas (ver também Capítulo 7). É bastante provável que a mensagem sobre a localização da fonte de alimento é recebida pelas antenas. No entanto, na descrição dos processos de comunicação entre as parceiras, ainda falta compreender uma questão importante: como as abelhas interessadas nas informações e as dançarinas se encontram na movimentada e escura área de dança?

Um equipamento sonoro de última geração, em combinação com observações do comportamento sobre detalhes físicos da dança do requebrado, mostrou o importante papel da vibração dos favos. A química da área de dança leva todas as parceiras de comunicação a uma aproximação relativa; a física dos favos é responsável pelo contato direto das parceiras: no escuro da colmeia, as vibrações do favo agrupam as dançarinas e as "imitadoras interessadas" na área de dança. Tais vibrações são especialmente bem transmitidas pelas margens espessas das células dos favos. A parte superior das células dos favos consiste de protuberâncias que formam uma rede de malhas hexagonais (Figura 4.25 e ▶ Figura 7.23). Essa rede transmite vibrações que são produzidas por uma dançarina. No Capítulo 7, serão descritos os detalhes sobre o tipo e a transmissão dessas vibrações.

As abelhas produzem as vibrações por meio da musculatura do tórax, a parte mais forte do seu corpo. Com essa musculatura, as abelhas imprimem velocidade total, enquanto as asas são desacopladas e, assim, vibram bem fracamente. O "motor" de voo não se contrai e relaxa continuamente, mas produz pulsos que, na maioria dos casos, estão sincronizados com os movimentos para a esquerda e para a direita do abdome durante a dança do requebrado. Em correspondência à frequência dos batimentos das asas, a frequência média desses impulsos situa-se entre 230 e 270 vibrações por segundo.

Em certas circunstâncias, podem ocorrer também "danças mudas", sem impulsos de vibração, que, aparentemente, não apresentam diferenças a um observador humano. Tais "danças mudas" não atraem imitadoras e, com isso, não recrutam abelhas coletoras para objetivos distantes. Os movimentos de requebrado externos, perceptíveis para os seres humanos, são usados aparentemente como estratégia mecânica para, através das pernas, enviar vibrações da musculatura de voo para o favo. Uma dançarina leve, parada ou correndo pelas bordas das células, por meio de suas pernas delgadas não conseguiria conduzir energia considerável ao favo. Contudo, durante a dança, ela fixa firmemente os pés nas bordas das células; assim, alternadamente para a esquerda e para a direita, a dançarina tensiona as bordas das células. Essa tensão é alta nos pontos de inversão do movimento do requebrado, pois nesses locais a abelha puxa mais fortemente as bordas das células. Esses momentos de maior tensão das protuberâncias das células são aproveitados pelas abelhas para a condução de vibrações para o favo. Eles "enfatizam" cada inversão de direção com um impulso de vibração.

Os sinais vibratórios que uma dançarina reproduz são muito fracos em comparação ao constante e forte rumorejo ao fundo em uma colmeia "zumbindo". Cada sistema de comunicação, natural ou arti-

Figura 4.25 As paredes delgadas das células dos favos de cera terminam em uma protuberância na extremidade superior. Juntas, as protuberâncias compõem uma rede assentada sobre as paredes das células.

ficial, está concebido para alcançar uma relação "sinal-rumorejo" mais favorável possível. O sinal precisa ser o mais forte possível para ser reconhecível, mesmo com o zumbido ao fundo. Um zumbido forte é um estado constante em uma colmeia e um sinal de vibração de uma abelha solitária não se sobrepõe a ele.

Portanto, apesar dos fracos sinais de vibração, como as abelhas interessadas reconhecem a presença de uma dançarina, para poder participar do balé? Aqui há uma particularidade física das propriedades vibratórias dos favos, que será esclarecida com mais detalhes no Capítulo 7. O padrão plano das vibrações, que cada abelha consegue detectar nas bordas das células com suas seis pernas (▶ Figura 7.27), esclarece as direções e as distâncias sobre um favo, a partir das quais futuras imitadoras definem no escuro o posicionamento de uma dançarina (Figura 4.26).

As vibrações dos favos, assim, servem unicamente para conduzir as imitadoras a uma dançarina. Elas não contêm qualquer mensagem sobre a localização do alimento.

Apesar das muitas informações detalhadas sobre a "linguagem da dança", diversas perguntas importantes permanecem em aberto. Ao examinar particularidades da fase do requebrado, que indica a posição do local de alimento, constatam-se dúvidas espantosas, em parte já abordadas nas exposições feitas até agora.

- A direção de fases do requebrado sequenciais, dançadas para o mesmo

objetivo, em parte difere consideravelmente.
- A duração da fase do requebrado que codifica a distância depende bastante da estrutura visual da paisagem entre a colmeia e o local de alimento.
- À medida que aumenta a distância de voo, sua definição fica cada vez menos precisa. Entre um trajeto de voo de 2 km e outro de 3 km de distância – que corresponde aproximadamente aos limites extremos habituais da atividade de colheita – as danças praticamente não se distinguem. Todavia, as abelhas podem se distanciar até 10 km da própria colmeia. Tais distâncias são reproduzidas na dança com uma exatidão muito pequena.

Figura 4.26 Na escuridão da colmeia, a partir da distância, as abelhas interessadas reconhecem a posição de uma dançarina, com base no padrão vibratório bidimensional das bordas dos favos. As paredes vibram em direção contrária somente na célula marcada em branco; as paredes celulares de todas as outras células (no entorno da célula marcada) movem-se na mesma direção (▶ Figura 7.27). Com suas pernas, as abelhas detectam as vibrações das bordas das células. Uma vez decifrada essa informação (como a abelha na figura tocando célula marcada), as abelhas movem suas cabeças em direção da dançarina, giram seus corpos e vão até ela, reunindo-se no balé como dançarina imitadora. A distância, a partir da qual uma dançarina pode ser localizada dessa maneira, é altamente dependente da natureza física da superfície do favo sobre o qual as danças acontecem. A imagem da dançarina, cujas vibrações levam ao padrão de oscilação das células, não está nítida devido ao movimento rápido que ela apresenta.

Como, então, mediante mensagens tão incertas, as recrutas encontram os locais de alimento?

Abelhas, sigam os sinais!

A observação de abelhas que seguiram uma dançarina por várias voltas é muito esclarecedora. Para alcançar a fonte de alimento no seu primeiro voo a partir da colmeia, tal abelha novata gasta 30 vezes mais tempo que uma abelha que já visitou o local. Uma abelha que já conheça esse local pode cobrir a distância em 40 segundos, ao passo que uma novata chega pela primeira vez ao local de alimento cerca de 20 minutos após ter deixado o ninho. O tempo de voo das novatas pode ser reduzido sensivelmente se o local de alimento for abastecido com um odor atrativo, o que é potencializado se o vento leva o odor direto à colmeia. Abelhas dançarinas que visitam locais de alimento sem odor fornecem uma clara evidência que esses animais, também no campo, são insetos sociais e praticam o contato e a comunicação. Abelhas com e sem experiência, ao menos quando voam ao local de alimento, constituem grupos mistos de até dez animais. As experientes sempre pousam primeiro, seguidas imediatamente pelas inexperientes (Figura 4.27), de modo que com muita frequência ocorrem pousos em série – as experientes sempre dispostas embaixo e as novatas em cima.

Como se formam tais grupos? Nossos conhecimentos sobre o assunto são bastante escassos. As abelhas que dançam na colmeia também ajudam no campo as abelhas recrutadas. Uma abelha, que visitou um local de alimento e não dançou na colmeia, voa de volta a esse local em linha reta e, sem zumbido perceptível ao ouvido humano, pousa diretamente. No entanto, se a abelha dançou, ela circunda o objetivo com voltas grandes, produzindo um som alto. Esses voos produzindo zumbido levaram Karl von Frisch, antes da sua descoberta da linguagem da dança, a pesquisar se as abelhas atraem suas companheiras de colmeia aos locais de alimento por meio do zumbido. A velocidade baixa nos "voos de zumbido" permite a um observador ver uma listra clara no abdome das abelhas. Essa listra é o acesso à glândula de Nasanov, bem aberta, que se encontra entre os dois últimos segmentos do abdome das abelhas. Uma glândula de Nasanov aberta libera o geraniol (uma substância aromática), com o qual as abelhas também se relacionam mutuamente em contextos comportamentais (ver também Figura 4.13). Em pousos normais, as abelhas mantêm as glândulas de Nasanov fechadas. As abelhas provocadoras de zumbido pousam em companhia das novatas; as que

Figura 4.27 As novatas são conduzidas às flores por abelhas experientes. Isso muitas vezes resulta em pousos em série de abelhas experientes e novatas.

pousam reto o fazem sem companhia. Tais grupos, contudo, só se formam em algum lugar no caminho entre a colmeia e o local de alimento. Grupos de abelhas novatas e de abelhas experientes não saem ao mesmo tempo da colmeia para voar em direção ao mesmo objetivo.

Existe um grupo de abelhas, entretanto, que chega muito rápido e sem companhia aos locais de alimento indicados, após terem seguido as danças na colmeia. São abelhas coletoras experientes que já conheciam e visitaram as fontes de alimento indicadas, o que já pode ter ocorrido dias antes.

A marcação de abelhas (com um pequeno ponto colorido) que exploram a mesma cerejeira permite perceber que elas ficam muito próximas umas das outras e que até passam a noite juntas (Figura 4.28).

Com frequência, tais grupos da mesma cor são encontrados também como um mesmo grupo de dança (Figura 4.29), no qual uma delas é a dançarina e as outras são as imitadoras. As dançarinas, portanto, recrutam não apenas novatas, mas frequentemente também abelhas coletoras experientes, que até já visitaram a mesma fonte que a própria dançarina.

Figura 4.28 As abelhas coletoras experientes, que procuram as mesmas fontes de alimento, muitas vezes ficam bem próximas umas das outras na colmeia e na dança formam grupos comuns.

Dessa maneira, as abelhas coletoras possivelmente são atraídas para uma fonte já bem conhecida.

Os voos que produzem zumbido ao redor dos locais de alimento não podem ser reconhecidos acusticamente pelas abelhas seguidoras e nem ser usados para orientação, pois esses animais não possuem um verdadeiro sentido auditivo. Entretanto, visualmente eles chamam a atenção e estimulam o sentido de movimento muito bem desenvolvido nas abelhas. Presume-se que o zumbido dos voos seja um resultado não intencional da maneira das asas serem empregadas para produzir turbulências. Tais turbulências, como o rastro de um navio sobre a superfície da água ou os vácuos de ar atrás de um avião, podem permanecer estáveis no ar por um determinado período. Assim, os feromônios da glândula de Nasanov poderiam ser capturados e mantidos no ar, proporcionando condutores químicos como guias adicionais para as novatas.

Muitos elementos na cadeia de comunicação, usados para recrutar enxames pequenos para o local de alimento, são observados no comportamento "adequado" do enxame. O enxame pequeno de coletoras é submetido a uma pressão de

Figura 4.29 Grupo de dança com coletoras de pólen experientes no grupo das imitadoras, que visitam a mesma fonte de colheita que a dançarina.

seleção menor que enxames verdadeiros, porque não está em jogo o destino da colônia inteira. A demora na mudança da colônia em enxameação para uma nova casa pode resultar em uma catástrofe (▶ Figura 2.8), ao passo que uma oferta de alimento não explorada totalmente tem menos consequências dramáticas para a colmeia. Os componentes do recrutamento para o local de alimento, com isso, são supostamente derivados do comportamento "adequado" da colmeia e somente mais tarde empregados para a comunicação do local de alimento, e não o contrário.

O recrutamento de novatas aos locais é um comportamento altamente complexo, no qual abelhas se comunicam umas com as outras na colmeia e no campo. As flores também prestam ajuda importante, tal como os odores incorporados às dançarinas que, somados aos aromas das flores transportados pelo vento, servem de guias olfativos. Com recursos naturais suficientes, as colônias de abelhas se desenvolvem normalmente, mesmo que uma linguagem ordenada de dança seja impedida por intervenções simples na colmeia. As colmeias dispostas horizontalmente, que eliminam a ação da gravidade como ponto de referência, provocam danças desorientadas, que não podem mais transmitir informações sobre direção. Uma oferta de recursos suficientes e bem distribuídos em torno da colmeia não leva a nenhum prejuízo às abelhas, pois apenas pelo acaso ou através do atrativo aroma são encontradas flores suficientes. Por outro lado, a comunicação pela dança é de grande importância quando os recursos são escassos e espacialmente limitados. Nesses casos, um recrutamento objetivo voltado aos poucos locais de alimento lucrativos é altamente vantajoso para a exploração bem-sucedida das flores.

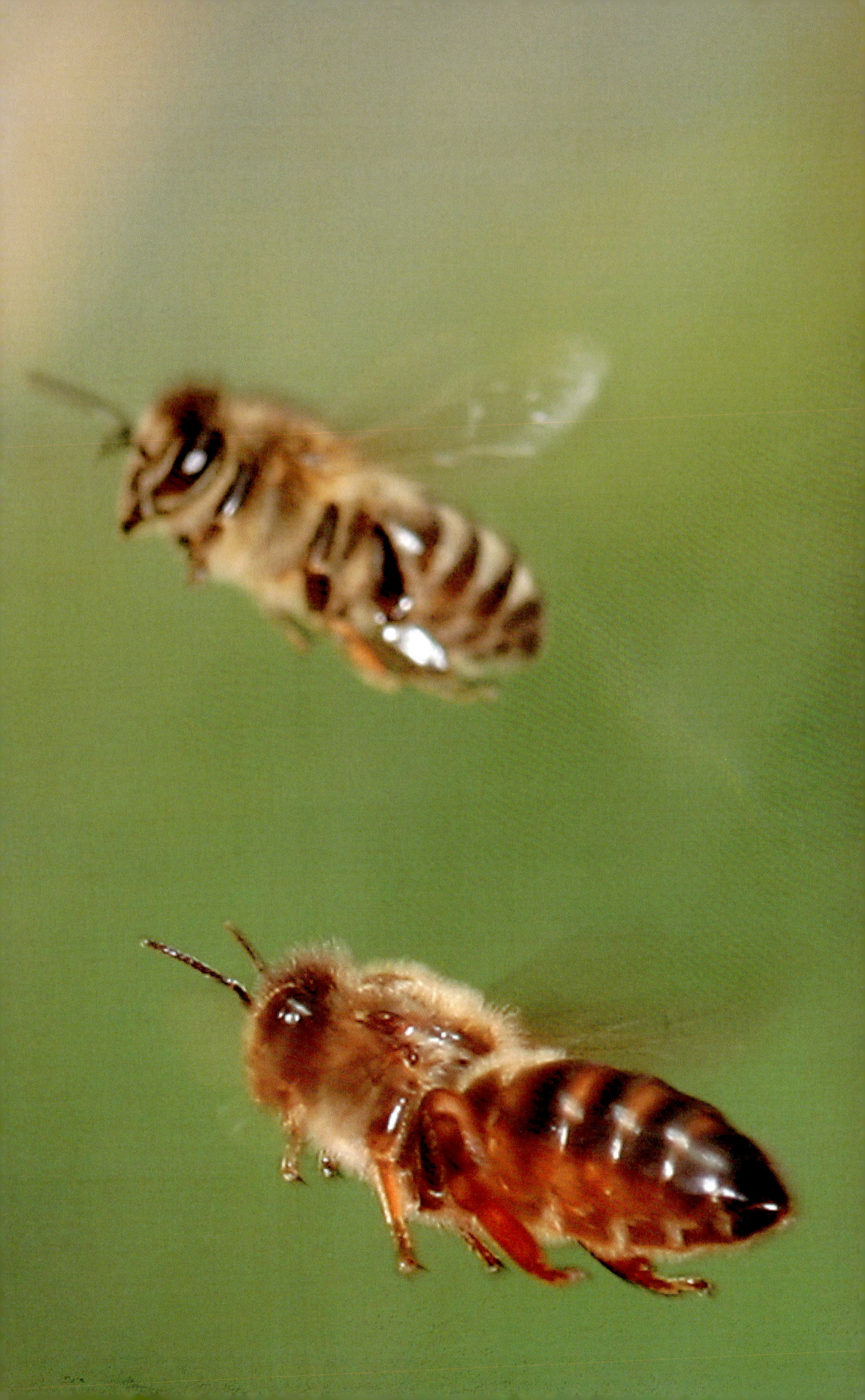

5

Sexo das abelhas e as damas de honra

O sexo das abelhas é um domínio de sua esfera privada, sobre a qual ainda especulamos mais do que sabemos.

O sexo tem a finalidade de manter elevada a multiplicidade de características em uma população. A junção de óvulos e espermatozoides, na qual a herança genética de uma fêmea ou de um macho foi primeiramente dividida, é o método de escolha para se alcançarem novas combinações em uma variedade inesgotável. As abelhas não são exceção, e aqui elas também proporcionam algo incomum.

Os indivíduos femininos produzem poucos gametas, que, contudo, são grandes e ricos em substâncias nutritivas e, por isso, valiosos. Esta é a definição biológica de "feminino". Os machos, que são reduzidos à "herança genética com motor de propulsão", por outro lado, produzem minúsculos espermatozoides, podendo ser, por isso, produzidos em quantidades inacreditáveis. Do ponto de vista puramente técnico-gamético, bastam poucos machos em uma população para acasalar com muitas fêmeas.

Nas abelhas, encontramos números exatamente inversos. Para as 10 jovens rainhas que a colônia pode produzir em um caso extremo, surgem entre 5.000 e 20.000 zangões em uma colmeia.

Sem abordar nesse momento os motivos dessa extrema desigualdade (o problema será retomado no último capítulo), é interessante considerar uma situação em uma população cujo número de fêmeas é igual ao de machos. Isso faria com que os machos competissem entre si, pois bastam poucos deles para produzir sêmen suficiente para todas as fêmeas, tornando, assim, supérflua a maioria deles. A competição entre machos manifesta-se na corte para o acasalamento ou nas lutas entre eles.

No caso das abelhas, calculando por cima, existem cerca de 1.000 machos para uma única fêmea. A competição entre os machos deveria ser enorme. Por incrível que pareça, no entanto, o processo se desenvolve de maneira pacífica.

Para responder a pergunta "como as abelhas fazem isso?", encontramos algumas explicações nos detalhes incomuns do sexo das abelhas. Esses estudos têm produzido novas teorias nesta parte da biologia das abelhas, ainda que algumas lacunas permaneçam.

Dos milhões de filhas que uma rainha concebe ao longo de sua vida, apenas algumas dúzias chegam a acasalar. São exclusivamente as jovens rainhas que saem para o voo nupcial. Via de regra, basta uma única saída do ninho para a fecundação da rainha, mas também pode ser realizado um número maior de voos, com curtos intervalos entre um e outro. Para os zangões, a situação não parece ser melhor; e para a grande maioria deles é até nitidamente pior. No verão, uma colmeia gera alguns milhares de zangões. Desses, somente algumas dúzias, ou menos, chegam a acasalar – e, quando o fazem, pagam o ato com a própria vida.

Os voos de núpcias

Com frequência surgem histórias e suposições em relação ao comportamento de acasalamento das abelhas. Essas suposições devem-se ao fato de ser bem difícil observar as abelhas durante o sexo. Essa "incompreensão" faz do ato de acasalamento das abelhas algo misterioso. Os locais nos quais os acasalamentos ocorrem, os locais de encontro dos zangões, têm algo de místico. Os novos zangões atingem a maturidade sexual uma semana após terem saído do casulo; ano após ano, eles encontram-se nos mesmos lugares, aglomerando-se ruidosamente (produzem um zumbido chamativo) em áreas relativamente restritas à espera da chegada das jovens rainhas.

Como uma rainha encontra o local de reunião de zangões em uma região na qual nunca estivera antes? Por que os zangões não competem agressivamente dentro da colônia ou entre colônias de abelhas pelo sucesso no acasalamento com as rainhas? E por que as operárias permanecem aparentemente indiferentes aos eventos envolvidos no processo de acasalamento? Faz realmente sentido que uma colônia crie poucas novas rainhas e depois abandone esse trunfo da reprodução, largando-o sozinho em um mundo perigoso e desconhecido?

São todas perguntas para as quais só se acham respostas hesitantes e inconclusas.

Existem pontos de referência bem claros neste mundo do acasalamento: em muitas regiões são observados locais de concentração de zangões, que podem se estender sobre uma superfície com um diâmetro de 30 a 200 m. Os zangões são atraídos por propriedades visuais na paisagem. Essas propriedades podem ser árvores expostas ou outros pontos notáveis no horizonte, tais como objetos escuros em contraste com o céu claro ou lacunas claras em uma barreira escura. Os corpos de água, acima ou abaixo da superfície do solo, também podem ser um auxílio à orientação.

Existem também regiões, no entanto, em que ocorre o acasalamento das abelhas sem nunca ter sido registrada a concentração de zangões. Isso levanta a suspeita de que tais concentrações resultam do comportamento de agregação dos zangões em ambientes cujas condições sejam propícias. Se os "núcleos de cristalização" apropriados estiverem presentes, como os marcos referenciais mencionados, surgem locais estáveis de concentração de zangões; em caso contrário, o acasalamento ocorrerá de qualquer maneira.

Mesmo em regiões onde são encontradas concentrações de zangões, é possível observar que essa massa voadora de insetos não é fixa a um local, mas sim se desloca com relativa rapidez através da paisagem. As concentrações de zangões dispersam-se, pouco tempo depois se reúnem em outro lugar, dispersam-se novamente e aparecem outra vez em um terceiro local. A paisagem mostra-se como que coberta por uma densa rede de zangões, que de vez em quando forma grupos condensados em alguns lugares.

Os zangões não ficam permanentemente no ar depois de deixarem o ninho, como se supôs inicialmente. Esses animais são encontrados em repouso na vegetação sobre plantas rasteiras ou sobre folhas e ramos de árvores (Figura 5.1), não apenas durante as assim chamadas batalhas de zangões, quando, no final do período de acasalamento das abelhas, eles são expulsos das colmeias (Figura 5.2).

O que os zangões procuram e pelo que eles esperam fora da colmeia, seja voando ou na vegetação? Naturalmente, por jovens rainhas.

Jürgen Tautz

O fenômeno das abelhas 127

Figura 5.2 Ao final do período de acasalamento, os zangões se tornam inúteis. Todos os zangões remanescentes não recebem mais alimento, são expulsos dos ninhos e morrem.

Figura 5.1 Os zangões são "máquinas voadoras" altamente efetivas. Apesar disso, após abandonarem o ninho, eles não voam sem parar. Eles podem também ser encontrados repousando na vegetação.

Com aproximadamente uma semana de idade, as rainhas ainda não fecundadas (assim chamadas princesas) saem da colônia uma ou mais vezes, geralmente por períodos de alguns minutos a até uma hora, e retornam depois de acasalarem. Uma rainha pode deixar a colônia para vários voos de núpcias, e continua a voar até que sua espermateca esteja completamente cheia de espermatozoides. Um único zangão pode fornecer até 11 milhões de espermatozoides. Ao final do voo nupcial, a rainha leva de volta para a colônia em sua espermateca até 6 milhões de espermatozoides, o que representa apenas cerca de 10% da quantidade total de espermatozoides nela injetados por todos os zangões. Nessa espermateca cheia, os espermatozoides se mantêm frescos ao longo de toda a vida da rainha – um banco de sêmen natural, do qual são fecundados até 200.000 ovos por ano.

Os zangões deixam a colônia no mesmo período: pouco antes do meio-dia até o meio da tarde. Enquanto uma jovem rainha precisa voar apenas uma única vez, se o primeiro voo nupcial for bem-sucedido, os zangões saem da colônia diariamente, independente se há ou não jovens rainhas voando. Esses voos diários de zangões, que geralmente não resultam em acasalamento, são uma expressão da grande competição entre os machos de colônias de abelhas de uma região. O risco de não encontrar uma rainha fora do ninho é grande, por isso é importante uma alta taxa de voos. A saída diária em massa, frustrada na maioria dos casos, continua em todas as colônias por algumas semanas. É um esforço gigantesco, mas o possível ganho, em forma de paternidade de milhares de abelhas, é alto.

Esse grande esforço no número de zangões e na atividade de voo pode estar estreitamente associado à falta de agressão entre eles. Em animais solitários, a forma mais sutil de competição entre os machos pelo acesso aos óvulos se dá em nível de espermatozoides. Neste caso, no órgão sexual feminino ocorre uma disputa de desalojamento entre os espermatozoides. Manter a competição baixa através da massa de espermatozoides que um macho produz tem sido um meio eficaz.

Para a colônia de abelhas, os zangões são como espermatozoides voadores. Essas massas de espermatozoides, enviadas para os locais de acasalamento, têm o mesmo efeito que a competição entre os espermatozoides: suplantação da competição por meio de números elevadíssimos.

Fora da colônia (e somente fora dela), as rainhas usam uma atração olfativa, à qual os zangões sexualmente maduros não resistem. Embora vivendo na colmeia lado a lado por semanas (Figura 5.3), os sexos ignoram-se reciprocamente, evitando, assim, a endogamia.

Sabe-se, por meio de estudos genéticos, que uma rainha é acasalada por muitos zangões durante seus poucos voos de núpcias (em muitos casos, o único de sua vida). Os zangões aproximam-se de uma jovem rainha na direção contrária ao vento, atraídos pela substância exsudada das glândulas mandibulares dela. Essa é a mesma substância que, no ninho, tem

Figura 5.3 No interior do ninho, jovens rainhas e zangões convivem sem contato sexual.

a função de impedir o desenvolvimento dos ovários das operárias.

Uma vez avistada uma princesa em voo, os zangões seguem rapidamente o seu objetivo. Eles prendem a rainha com suas pernas e acoplam nela seu órgão de fecundação. Após, eles põem para fora cerca de 50% do falo, ficando a seguir pendentes sobre a rainha. Uma vez que o zangão fica paralisado, a rainha é quem realiza a retirada do falo (ver Figura 5.4) e a transferência dos espermatozoides, através de contrações da sua musculatura abdominal. Não raramente, ainda no ar ocorre a explosão do abdome do zangão (às vezes audível), provocando a sua morte.

O falo, parte do órgão sexual masculino, permanece inicialmente preso à rainha. Ele constitui o assim chamado "sinal de acasalamento" e é muito atrativo aos outros zangões. Esse sinal consiste da mucilagem das glândulas do muco, das garras do falo e do revestimento pegajoso de cor laranja (a *cornua*, que reflete radiação UV) (Figura 5.4).

O sinal de acasalamento bem fixado (Figura 5.5) não é algo como um cinto de castidade que deve impedir o acesso dos próximos zangões à rainha. Bem ao con-

Figura 5.4 Um zangão expeliu seu enorme órgão reprodutor. A bolsa na extremidade da estrutura contém, junto à volumosa substância mucilaginosa, o esperma como uma massa levemente castanha até cor de salmão, na margem superior do órgão reprodutor. Os dois ganchos direcionados para baixo fixam o zangão à rainha no ato do acasalamento.

trário, seu odor e suas propriedades ópticas – ele reflete a luz ultravioleta, onde o sentido visual dos zangões é muito sensível – continuam atraindo outros zangões. Eles removem o órgão sexual do outro zangão apenas para substituí-lo logo em seguida pelo seu próprio órgão.

É notável que zangões bem-sucedidos deixem sinais para indicar o caminho da cópula a seus sucessores. Que vantagem eles teriam com isso? Esse comportamento combina perfeitamente com a falta de agressividade entre os machos? No Capítulo 9, tentaremos explicar isso.

Não raramente, encontram-se grupos de zangões no chão, com uma rainha no centro. Um par formado pela rainha (uma voadora lenta, comparada às operárias) e pelo zangão preso a ela não possui uma boa capacidade de voo e vai ao chão. Outros zangões são, então, atraídos, na esperança de também poderem acasalar. Outras espécies distantes ou próximas das abelhas melíferas, sobre as quais existem descrições detalhadas do ato de fecundação (p. ex., mamangavas, vespas, formigas), também copulam no chão (Figura 5.6).

Figura 5.5 Após o acasalamento bem-sucedido, parte do falo permanece presa à abertura genital da rainha e é levada de volta para o ninho como "sinal de acasalamento" do voo nupcial.

Figura 5.6 Outros himenópteros coloniais, como vespas ou mamangavas, não acasalam no voo, mas sempre no chão.

Em relação a detalhes do acasalamento de rainhas e zangões, existem questões em aberto sobre aspectos fundamentais desse processo. Uma pergunta importante, por exemplo, é: a maioria da colônia (a saber, as operárias) fica indiferente a esse acontecimento?

As operárias como damas de companhia

O voo nupcial é muito arriscado para a jovem rainha (e, consequentemente, para toda a colônia), pois ela representa gametas femininos voadores. As abelhas são atacadas no voo por muitos predadores. Neste sentido, cabe lembrar não apenas de predadores especialistas como a "Bienenwolf" (*Philanthus triangulum*), uma vespa cujas fêmeas caçam abelhas e as enterram em pequenos tubos no solo para alimentar suas larvas. Diversas aves também capturam abelhas e aprendem a lidar sem risco com os seus ferrões. Deve, portanto, essa única jovem rainha, esse tênue fio que liga a colônia ao seu futuro – o resultado do esforço comum de todas as abelhas de uma colônia –, estar totalmente sozinha no perigoso mundo fora da colmeia?

Na verdade, é difícil imaginar. Para cada problema surgido, as colônias de abelhas produziram soluções perfeitas. Para essa situação crucial na vida da colônia, elas não encontraram nenhum meio de assegurar melhor o seu futuro?

Um fenômeno, há muito conhecido pelos apicultores como "voo de prelúdio", ajuda a elucidar essa situação enigmática. Em determinado período do ano, em certa hora do dia em que zangões e jovens rainhas são esperados, é possível observar verdadeiras nuvens de abelhas subindo e descendo nas entradas das colmeias (Figura 5.7).

Jürgen Tautz

Genericamente, esses voos de prelúdio são interpretados como uma orientação das jovens rainhas. Contudo, há uma outra interpretação firmemente baseada em observações e alguns experimentos simples, que dá um significado diferente e mais objetivo a esse fenômeno, ligando-o ao sexo das abelhas.

- Se jovens abelhas forem marcadas à medida que emergem do casulo e for registrado o período do dia em que fazem seus primeiros voos, verifica-se que elas deixam a colônia, fazem seus primeiros voos de orientação e retornam à colônia entre o nascer e o pôr do sol. Não se percebe qualquer concentração dos voos de orientação de jovens abelhas no período dos voos de prelúdio.
- Se enxames de prelúdio completos forem capturados e seus componentes determinados, verifica-se a presença em pequeno número de jovens abelhas, pois elas aparecem a qualquer hora do dia, inclusive fora do período de prelúdio. A maior parte do voo de prelúdio é constituída de abelhas operárias velhas, evidenciadas por problemas nas asas ou por cerdas desfiadas. Algumas dessas abelhas vêm diretamente "do trabalho", como se pode perceber nas corbículas (cestos) de pólen ou no papo cheio de néctar.
- Em colônias formadas apenas de abelhas mais experientes, os voos de prelúdio perfeitamente normais ocorrem diariamente na hora habitual. Essas abelhas não necessitam mais de voos de orientação.
- Em colônias mantidas por semanas sem rainha e às quais se adicionem regularmente jovens abelhas, em uma quantidade que corresponda exatamente ao possível número de nascimentos na presença de uma rainha, constata-se que não ocorrem voos de prelúdio.
- Se uma colônia sem rainha e sem voos de prelúdio for suprida de uma rainha, a partir do primeiro dia da presença dela é possível constatar a ocorrência desses voos.
- Os voos de prelúdio ocorrem somente na época do ano em que há voos dos zangões, quando, portanto, as jovens rainhas deixam suas colônias para os voos de núpcias. Mais cedo ou mais tarde, a colônia produzirá muitas novas operárias (especialmente na primavera), que precisam cumprir seus voos de orientação, mas jamais formam nuvens de prelúdio.
- Durante o surgimento das nuvens de prelúdio, a atividade de colheita da colônia diminui temporariamente de maneira bem nítida.

Figura 5.7 Durante o período de acasalamento, ao meio-dia, em frente das colmeias ocorrem os assim chamados voos de prelúdio, enquanto a atividade de colheita é consideravelmente reduzida.

A opinião de que os voos de prelúdio sejam de orientação de jovens abelhas não é sustentável. Qual é o objetivo dos voos de prelúdio, se eles não orientam as jo-

Figura 5.8 Uma jovem rainha não fecundada, acompanhada de um grupo de operárias, deixa a colmeia, para logo em seguida partir para a sua aventura nupcial.

vens abelhas e surgem apenas na presença de uma rainha?

Observando com paciência, é possível captar o exato momento em que uma jovem rainha sai para o voo nupcial. Com um grupo de até 20 operárias, ela caminha do ninho até a frente do alvado, antes de voar com o grupo inteiro (Figura 5.8).

Chama a atenção que a partida da rainha e de seu grupo de acompanhantes coincide com o desaparecimento da massa de abelhas do prelúdio, que ressurge em frente ao ninho no mesmo instante que a rainha retorna do campo (Figura 5.9).

Logo após o pouso, a rainha retorna à segurança do ninho e com ela, lado a lado, novamente um grupo de operárias. Muitas abelhas da nuvem de prelúdio, ressurgida com o regresso da rainha, também entram imediatamente no ninho (Figura 5.10), e a "aparição do prelúdio" se dispersa rapidamente.

Não ocorrendo qualquer saída da rainha, a nuvem de prelúdio se desfaz em no máximo meia-hora, para novamente se formar no dia seguinte.

No retorno de um voo nupcial bem-sucedido, muitas vezes a rainha carrega na abertura do seu órgão genital, como um sinal da cópula, o falo do zangão que se sacrificou no último acasalamento (Figura 5.11). As abelhas do grupo de acompanhantes retiram esse sinal de acasalamento, antes de entrar no ninho (Figura 5.12) ou imediatamente após, já no seu interior (Figura 5.13).

O fenômeno das abelhas   135

Figura 5.9   No retorno ao seu ninho, a rainha (à esquerda) é acompanhada de um grupo de operárias, como no voo de partida.

Figura 5.10   Após o pouso, a rainha fecundada e seu grupo de acompanhantes entram no ninho, do qual ela sairá novamente apenas durante a estação do enxame no ano seguinte.

Figura 5.11 Ao retornar do voo nupcial, a rainha pode trazer o falo do último zangão com quem ela acasalou.

Ainda não se sabe o que acontece no campo e qual o papel exercido pelas operárias. Entretanto, é possível desenvolver algumas teorias com base em muitas observações individuais e avaliações de extensos registros.

Desconsiderando a inseminação artificial das rainhas, o apicultor tem duas opções para a fecundação delas: 1. acasalamento normal, em que ele deixa o processo de acasalamento ao encargo das jovens rainhas e dos zangões, contando com a presença de colônias totalmente desenvolvidas; 2. ele junta jovens rainhas a uma minicolônia de algumas centenas de operárias, em uma pequena caixa de fecundação (Figura 5.14), o assim chamado "estrado de fecundação", sobre o qual

Figura 5.12 Em frente ao ninho, uma operária retira da abertura genital da rainha o sinal da cópula.

Figura 5.13 Se a rainha entrar muito rápido no ninho, é no seu interior e não do lado de fora que o sinal da cópula é retirado.

Figura 5.14 Os apicultores organizam o acasalamento de jovens rainhas em voo livre nas assim chamadas referências, onde são colocadas minicolônias com jovens rainhas e algumas centenas de operárias, bem como colônias de zangões concentrados espacialmente.

serão estabelecidas, adicionalmente, colônias grandes com muitos zangões.

É de se admirar que raramente ocorram perdas de rainhas no acasalamento normal, e que praticamente toda rainha retorne ao ninho fecundada e saudável de seu voo nupcial. Contudo, se as rainhas partem de minicolônias, praticamente uma em cada três é perdida no seu voo nupcial. Sob circunstâncias naturais, tal prejuízo de aproximadamente 30% seria uma catástrofe, tendo em vista as poucas rainhas que nascem por temporada em cada colônia.

O que causa essa diferença? Possivelmente o tamanho dos grupos de acompanhantes? A presença de abelhas coletoras como acompanhantes de voos de jovens rainhas faria muito sentido. Após alguns voos de orientação, as abelhas rainhas nem conhecem o entorno da colmeia – ou o conhecem muito pouco. As abelhas coletoras experientes têm a geografia do seu habitat na cabeça e podem prestar serviços de orientação, principalmente para os voos de retorno que, por questões de segurança, devem ser rápidos e objetivos. As jovens rainhas são os produtos mais valiosos de uma colônia, aos quais ela deveria dedicar cuidados extremos. Um pequeno chapim-real*, atraído por uma mancha real voadora contrastando com céu claro, colocaria em perigo o sucesso reprodutivo anual das abelhas– conseguido mediante enormes investimentos de toda a colônia. Os voos em grupos, portanto, ofereceriam não apenas ajuda de orientação, mas também proteção por meio do "efeito do cardume de sardinhas". Quanto maior for o número de operárias a ocupar o espaço aéreo de acasalamento, maior será o efeito de proteção. O efeito de proteção em grupo para jovens rainhas em voo é perfeito em colônias grandes, onde todas as rainhas retornam do voo nupcial, e drasticamente reduzido em colônias pequenas, onde duas de três rainhas retornam.

Seria possível até avançar um pouco e atribuir às operárias um papel ainda mais ativo no processo de procriação. Se uma rainha ficar sobre uma folha no campo e não voar imediatamente, em poucos minutos ela será rodeada por um pequeno grupo de operárias, mesmo estando afastada centenas de metros da colmeia mais próxima. Os zangões que são atraídos pela rainha receptiva e que chegam logo em seguida são atacados agressivamente pelas operárias, expulsos pela rainha e perseguidos até no voo de fuga. Tais voos de perseguição em que "a operária caça o zangão" se parecem com aqueles em que "o zangão caça a rainha", sendo difícil de distingui-los, a menos que o desenvolvimento completo tenha sido acompanhado.

Também neste caso não está claro o objetivo das operárias nem se sabe se esse comportamento é uma exceção ou uma regra de difícil explicação. Um grupo de operárias que acompanha a rainha bem de perto teria o poder de permitir ou proibir a cópula a determinados zangões.

Muitas questões interessantes estão em aberto para futuros projetos de pesquisa.

Depois da fecundação, uma rainha deixa o ninho um ano mais tarde, apenas para a mudança a uma nova casa, quando sua colônia adota uma nova rainha. Os espermatozoides que ela coletou no voo nupcial permanecem viáveis por anos, um banco de sêmen sem *freezer*.

Tendo sido esgotada a reserva, a rainha só pode pôr ovos não fecundados, dos quais nascerão apenas zangões. Essa rainha encerra, assim, seu papel na vida eterna da colônia.

"Animais inteiros como gametas"

Voltemos, porém, ao começo, à criação de animais sexuados pela colônia: os primeiros sinais visíveis para o fato de que a colônia de abelhas começa a criar zangões e rainhas (que, considerando a colônia como um superorganismo, são virtualmente "animais inteiros como gametas") são perceptíveis na arquitetura dos favos. As rainhas são criadas em células especiais (próprias para elas), que são construídas em menor número habitualmente

---

* N. de R. T. Ave passeriforme comum na Europa e Ásia, cujo nome científico é *Parus major*.

na borda dos favos. Em um primeiro momento, as larvas que habitam os aposentos reais em nada diferem das que se transformarão em operárias. A dieta especial de geleia real que as larvas recebem nas células especiais faz com que elas amadureçam como rainhas. A velha rainha, por sua vez, será cada vez menos "mimada". Gradualmente, sua dieta conterá cada vez menos geleia real e, por fim, ela tem que se alimentar parcialmente com mel. Essa dieta de emagrecimento a torna novamente apta para o voo. Somente assim, ela pode participar da saída do enxame.

Cerca de uma semana após a velha rainha ter partido com a metade da colônia em um pré-enxame ou enxame primário, a primeira de várias jovens rainhas emerge da sua célula (Figura 5.15).

Se duas jovens rainhas se encontrarem no ninho, ocorrerá um duelo, até que uma das adversárias morra (Figura 5.16). Não parece vantajosa a criação de várias jovens rainhas que se enfrentam em duelos mortais. Por isso, tais combates geralmente são evitados. Na maioria dos casos, isso acontece com a saída rápida da rainha primogênita, que abando-

Figura 5.15 Uma nova rainha vê a luz do mundo. Entretanto, o processo de emergência ocorre geralmente em completa escuridão, como tudo na colônia de abelhas.

na o ninho com uma outra parte da colônia, formando um enxame secundário. É possível que, pouco depois, novas rainhas se juntem ao enxame secundário, o que, contudo, apenas transfere o duelo para outro local.

Um outro mecanismo que ajuda a evitar o duelo mortal entre as valiosas jovens rainhas consiste em uma comunicação vibratória, da qual participam a rainha primogênita e as rainhas ainda por nascer. Essa comunicação é de tal forma chamativa que é possível ser percebida por um observador humano até a alguma distância da colmeia. A jovem rainha primogênita "buzina" após emergir da sua célula. Ao receber esse sinal, as operárias que a cercam permanecem paradas e interrompem uma eventual ajuda já iniciada para a emergência da próxima rainha. Ocasionalmente, o "assobio" é respondido com um "coaxar" da rainha que ainda está na realeira. Seguindo uma indicação desse canto alternado característico, a rainha pronta para emergir prolonga sua permanência na realeira, para evitar uma luta. Assim, a colônia teria à disposição um mecanis-

Figura 5.16 Do encontro de duas jovens rainhas no ninho decorre um duelo mortal, no qual o veneno do ferrão é usado na sua plenitude.

mo adicional para impedir a morte das valiosas jovens rainhas.

O aparecimento de zangões em uma colônia de abelhas é anunciado por mudanças arquitetônicas na colônia. A cadeia de acontecimentos desenvolve-se de maneira fantástica: as operárias constroem células em duas classes de tamanhos claramente distintos. Quando não há motivo para nascer zangões, os quais, fora do período de procriação, seriam apenas consumidores inúteis dos recursos da colônia, as operárias constroem células com diâmetro de 5,2 a 5,4 mm. Se os zangões forem necessários, na borda no ninho são adicionados alguns milhares de células com diâmetro de 6,2 a 6,4 mm, que podem representar cerca de 10% do total de células de uma colmeia (Figura 5.17).

A rainha utiliza suas pernas dianteiras para medir o diâmetro das células. Se ela toca uma célula com diâmetro menor, ela coloca um ovo fecundado, o qual originará um indivíduo feminino. Se encon-

Figura 5.17 Região do favo com tampas planas sobre as células das operárias (à direita) e tampas arredondadas sobre as células dos zangões (à esquerda). As células menores das operárias e as maiores dos zangões manipulam o comportamento da rainha: ela põe ovos fecundados nas células pequenas e ovos não fecundados nas células grandes.

trar uma célula maior, ela coloca um ovo não fecundado, que originará um zangão. A estrutura no aparelho sexual da abelha, que permite a passagem de alguns espermatozoides ou dificulta seu acesso, precisa ser regulável de maneira extremamente segura. Portanto, não é a rainha que decide o sexo da prole; essa decisão parte da colônia. A rainha é meramente o instrumento de execução.

Um padrão elevado: a eliminação de rainhas

A população também decide quando é melhor substituir uma rainha. Geralmente, é uma velha rainha que deve ser substituída. Isso faz sentido, pois a reserva de espermatozoides feita durante o voo nupcial em algum momento acabará. Uma velha rainha também produz apenas uma pequena quantidade de feromônio real, cuja concentração no ninho indica a presença de uma majestade em atividade de postura. A princípio, são as abelhas da corte que lambem o corpo da rainha e, assim, adquirem o odor da sua superfície (Figura 5.18). Essas abelhas propagam seu odor pelo ninho, por meio da permanente troca de alimento que ocorre entre as operárias e, com isso, é divulgada a mensagem sobre a presença e a condição da rainha.

Se a concentração do perfume real no ninho ficar abaixo de um determinado nível, é criada uma rainha substituta.

Para que o processo de substituição da rainha inicie, não há necessidade que ocorra uma situação de fatalidade extrema na colmeia. Desvantagens externas, aparentemente insignificantes ao observador humano, também têm esse efeito. Mesmo sem uma perna (Figura 5.19), uma rainha pode continuar a cuidar sem impedimento da procriação. Contudo, o padrão de rainha perfeita é claramente desejável e, nessa situação, é iniciada a criação de uma nova rainha, visando a substituição daquela com cinco pernas. Com tal "revolução silenciosa", pode acontecer que a velha rainha viva na mesma colônia por muito tempo e continue a pôr ovos sem ser importunada, mesmo após o voo bem-sucedido da nova rainha.

As células para a criação de uma rainha substituta são facilmente reconhecíveis. Diferentemente de realeiras para a criação de jovens rainhas, elas não pendem na borda do favo, mas sim ficam no seu centro. Essas novas realeiras surgem pelo simples alongamento de uma célula normal do favo (Figura 5.20).

Esse sistema de substituição também funciona quando uma rainha morre de repente, mas somente se a colônia nesse momento dispõe de pequenas larvas. Nesse caso, de todas as larvas de 1,5 a 3 dias de idade de uma colônia, apenas uma tem uma carreira real, graças à alimentação especial. Sua célula é rapidamente alongada e transformada em uma pequena célula real. Nessa situação de emergência,

Figura 5.18 As operárias da corte lambem a rainha e, assim, ingerem seu feromônio. Através da trofalaxia (ou trocas alimentares entre todas as abelhas), o perfume real é então distribuído na colônia.

Figura 5.19 Essa rainha de cinco pernas não preenche mais os critérios de perfeição de sua colônia e incitou as operárias a uma "revolução silenciosa". Elas criaram uma nova rainha.

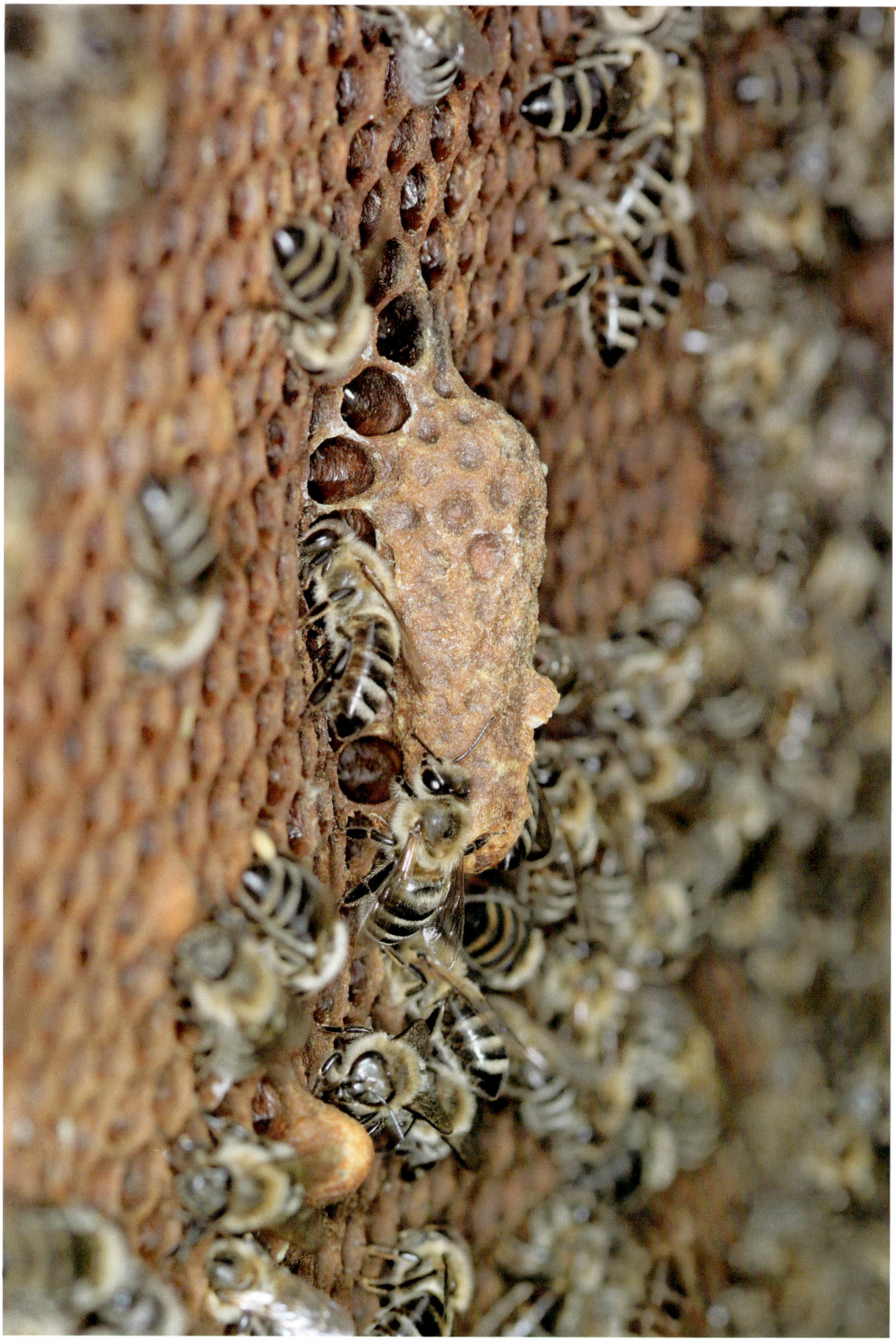

Figura 5.20 Com a morte repentina de uma rainha, uma realeira de emergência é construída de cera velha e uma rainha substituta é rapidamente criada.

muitas vezes o tempo não é suficiente para ativar as glândulas ceríferas e produzir cera nova. A falta de animais em estágio larval no momento da morte da rainha significa o fim da colônia. Em geral, no entanto, as abelhas não deixam chegar a essa situação.

A jovem rainha substituta logo parte para o seu voo nupcial e, com o novo material hereditário que traz de volta, ela assegura um fluxo contínuo do *pool* gênico que determinará as propriedades da colônia.

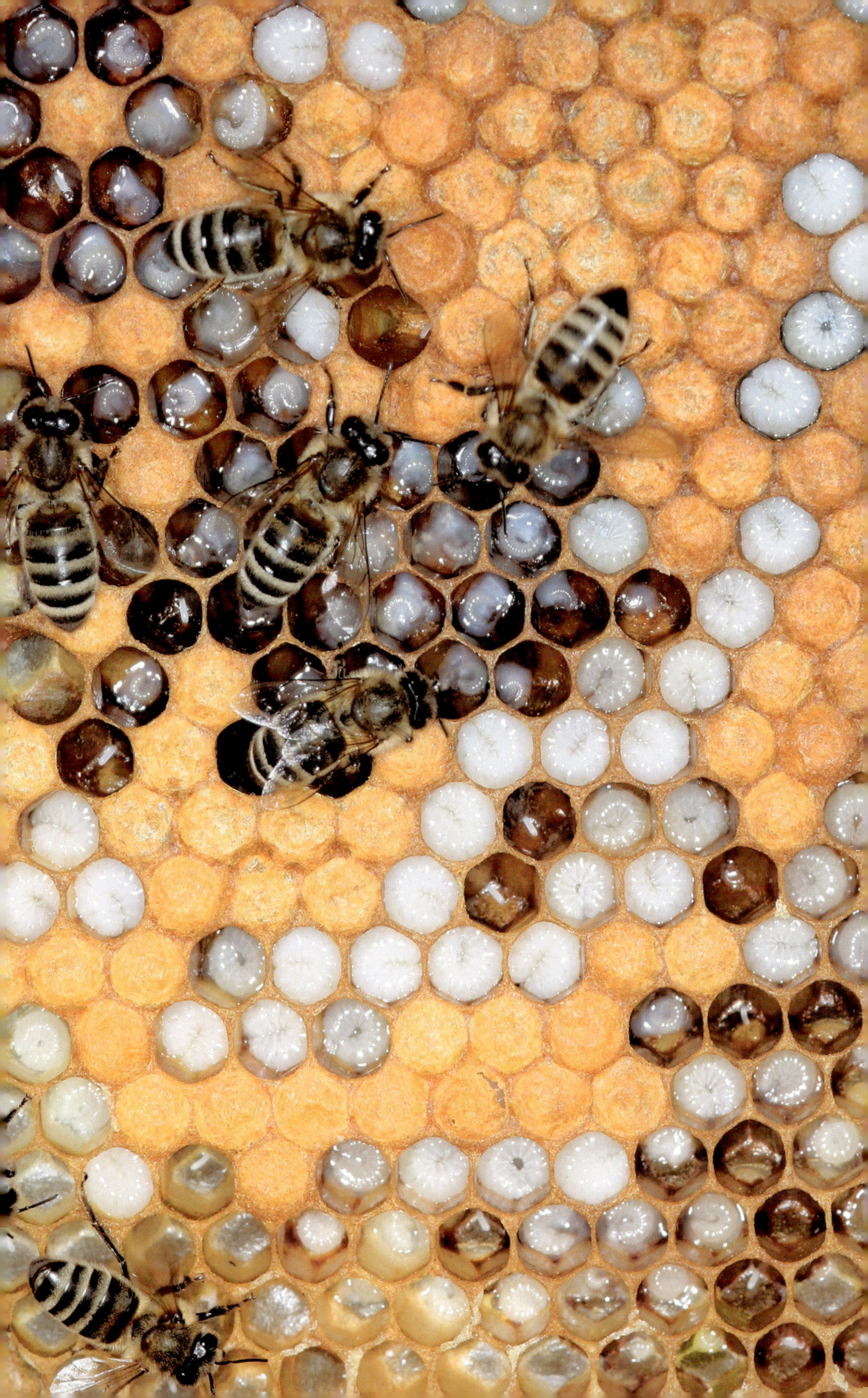

6

Geleia real: padrão da dieta na colônia de abelhas

As larvas das abelhas alimentam-se de uma secreção glandular das abelhas adultas, cuja função corresponde à do leite materno dos mamíferos.

Abelhas são insetos que durante a sua vida passam por uma transformação completa (metamorfose). As fases bem definidas nesse processo são: ovo, diversos estágios larvais, pupa e finalmente a fase de abelha adulta. A esse respeito, as abelhas seguem um dos dois caminhos-padrão da metamorfose dos insetos. As larvas de insetos nutrem-se de alimento vegetal ou animal, que elas próprias procuram ou que é fornecido pelas adultas.

As abelhas alimentam suas larvas com uma secreção, produzida pelas abelhas nutrizes em determinadas glândulas de suas cabeças. Essa nutrição sob medida abre possibilidades de manipular a natureza dos adultos resultantes, sendo a produção de uma nova rainha um dos usos mais notáveis desse poder.

No verão, uma rainha põe diariamente entre 1.000 e 2.000 ovos, cada um em sua própria célula (Figuras 6.1 e 6.2). Através desse enorme desempenho de um a dois ovos por minuto, uma rainha põe, por dia, mais ou menos o equivalente ao seu próprio peso corporal. Transferindo essa realidade para os humanos, isso significaria cerca de 20 bebês por dia, por mãe, durante um verão.

Antes do depósito dos ovos, as células são minuciosamente limpas pelas jovens operárias (Figura 6.3).

Figura 6.1 A rainha, pouco antes da colocação dos ovos. Para que ela possa se orientar corretamente para trás, as operárias ajudam-na na colocação da ponta do seu abdome na célula escolhida.

Figura 6.2 A rainha assentou seu abdome até a base da célula, para lá depositar seu **ovo**.

Figura 6.3 Uma jovem operária limpa minuciosamente uma célula vazia no ninho (incubadora), preparando-a para o depósito de um ovo pela rainha.

Figura 6.4 Células com ovos na incubadora. Inicialmente, os ovos recém-depositados permanecem na posição vertical; depois, caem lentamente para o lado e, finalmente, ficam na posição horizontal na base da célula.

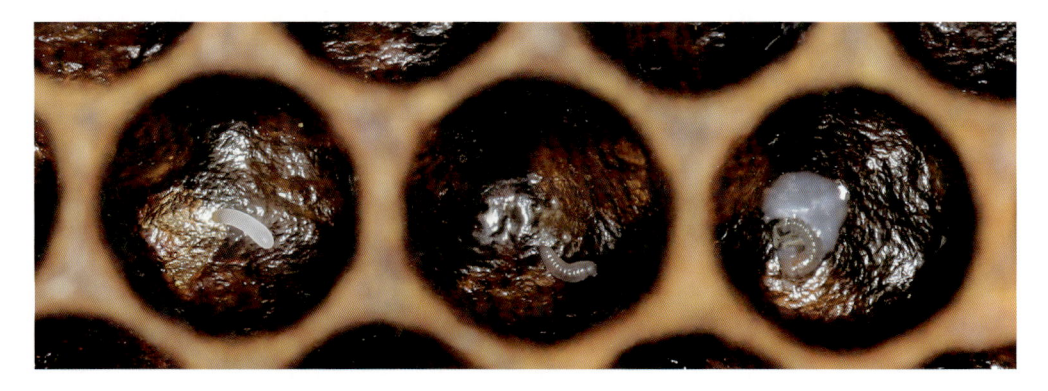

Figura 6.5 O embrião de abelha desenvolve-se, dentro do ovo, durante um período de três dias (à esquerda). Após, a pequena larva de abelha (centro) sai do casulo e começa a ser alimentada com geleia real (à direita).

O fenômeno das abelhas 153

Figura 6.6 As pequenas larvas alimentam-se do suco nutritivo, a geleia real, que as abelhas nutrizes produzem nas glândulas das suas cabeças.

Figura 6.7 As larvas grandes são alimentadas com quantidades crescentes de pólen e mel.

No ovo depositado (Figura 6.4), durante três dias ocorre o desenvolvimento do embrião; ao final desse período, uma larva diminuta eclode do ovo (Figura 6.5).

As rotas de desenvolvimento de operárias, zangões e rainhas são claramente distintas. Todos passam em sequência por cinco estágios larvais (Figuras 6.6-6.8), mas estes têm durações diferentes para cada um desses grupos: as operárias desenvolvem-se em um período intermediário (Figura 6.9), o tempo de desenvolvimento mais longo é o dos zangões (Figura 6.10), e o mais curto é o das rainhas (Figura 6.11). O aumento de peso das larvas é enorme. Em apenas cinco dias, seu peso aumenta em torno de 1.000 vezes. Comparado com os humanos, isso seria como se, cinco dias após seu nascimento, um bebê pesasse 3,5 toneladas.

O desenvolvimento rápido da rainha é, evidentemente, o resultado da competição entre as jovens rainhas: quem emerge primeiro tem a chance de ficar na frente das competidoras que ainda permanecem nas realeiras.

O último estágio larval para todos os três tipos de abelhas é tão grande que a larva, quando estendida, preenche toda a

O fenômeno das abelhas 155

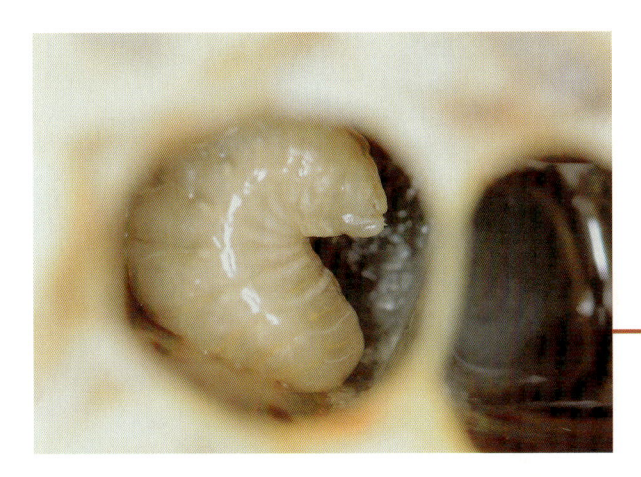

Figura 6.8 No seu décimo dia de vida, a larva se alonga e começa a enrolar-se no casulo. As operárias fecham a célula com uma tampa de cera.

Figura 6.9 Uma abelha jovem sai do seu "berçário".

Figura 6.10 Um zangão emergente. A tampa da célula foi aberta pela abelha emergente (pelo lado de dentro), ajudada pelas operárias (que corroeram a tampa pelo lado de fora).

Figura 6.11 A nova rainha deixa a realeira especialmente construída para ela, na qual se desenvolveu.

Figura 6.12 No início do estágio de pupa, as operárias fecham a célula com um opérculo. A metamorfose da abelha ocorre em uma rigorosa clausura.

célula (Figura 6.12). Nesse estágio, a larva tece para si mesma um casulo no interior da célula, utilizando um fio que ela produz a partir de uma secreção glandular. Nesse momento, a célula é protegida pelas operárias com um opérculo (Figura 6.9), sob o qual, por meio de um estágio intermediário de pupa, ocorre a metamorfose para abelha adulta. A tampa da célula é porosa, o que permite que haja troca gasosa e que as substâncias aromáticas com função sinalizadora atravessem-na em ambas as direções.

Uma larva de abelha saída do casulo chega a um mundo das delícias, pois as abelhas nutrizes colocam nas suas células um caldo espesso de geleia real pura. A geleia real é uma mistura de secreções, cujos componentes são produzidos nas glândulas da hipofaringe e das mandíbulas na cabeça da abelha. Pequenas gotas de geleia real são liberadas através da abertura no lado interno de cada mandíbula e depositadas nas células contendo larvas (Figura 6.13). Essas nutrizes são geralmente abelhas jovens entre seu quinto e décimo quinto dia de vida e precisam consumir quantidades consideráveis de pólen, a fim de abastecer de matéria-prima necessária suas glândulas produtoras de geleia real. Nas operárias que não produzem geleia real, essas glândulas se atrofiam. Em caso de necessidade, contudo, mesmo após a atrofia, elas podem ser novamente ativadas. Isso também é uma expressão da enorme plasticidade da colônia de abelhas e de seus membros.

As larvas jovens dependem exclusivamente do alimento produzido pelas nutrizes. Elas vivem inteiramente desse padrão de dieta. Um padrão similar de alimentação dos filhotes é encontrado nos mamíferos. As abelhas não produzem leite, mas sim a geleia real, um verdadeiro "leite fraternal" para a alimentação de suas irmãs (Figura 6.13).

Durante o seu estágio larval, uma abelha consome aproximadamente 25 mg (ou 25 mL) de geleia real. Com uma produção anual de 200.000 abelhas por colônia, a quantidade total de geleia real é de aproximadamente 5 litros por ano.

À medida que as larvas tornam-se mais velhas, sua dieta de geleia real é misturada gradativamente com pólen e mel. O último estágio larval não recebe mais geleia real, pois se a larva receber geleia real, ela se transformará em rainha (Figura 6.14). Porém, este não é o único fator que determina se a transformação da larva será para operária ou rainha; a composição da geleia real também pode ser alterada: um conteúdo de 35% de hexose (um açúcar) resulta em uma rainha, mas um conteúdo de 10% provoca o desenvolvimento de uma simples operária. Os programas de desenvolvimento das larvas de abelhas podem ser mudados pelos níveis de "doçura" da geleia.

A geleia real, portanto, é uma "condição ambiental" que determinará o desenvolvimento da larva em rainha ou "apenas" em operária. Operárias estéreis e rainhas férteis representam as duas castas de uma colônia. Logo, a definição de uma das duas castas é condicionada pela dieta. As larvas de rainhas são visitadas dez vezes mais pelas operárias nutrizes que as larvas de operárias. As larvas que

Figura 6.13 As abelhas nutrizes produzem geleia real ("leite fraternal") nas glândulas das suas cabeças. Esse produto sai de uma abertura no lado interno da base da mandíbula (seta), concentra-se na extremidade da mandíbula (fotografia inserida) e é depositado nas células com larvas.

Figura 6.14 As larvas que se desenvolvem em rainhas são alimentadas exclusivamente com geleia real, mesmo quando adultas. As células especiais para as rainhas ficam pendentes com a abertura para baixo (essa fotografia foi tomada de baixo), mas o alimento larval serve também de "cola" para impedir a queda da larva real.

se desenvolvem para ser rainhas podem, com isso, ingerir quantidades maiores de geleia real e com muito mais frequência. Essa diferença em quantidade e em qualidade de geleia real inicia complexas cadeias de reações bioquímicas nas larvas. Ao mesmo tempo, a quantidade e o momento da síntese de hormônios nas larvas desempenham um papel decisivo no estabelecimento das diferenças entre as duas castas de abelhas.

A geleia real como padrão de dieta na colmeia é o ponto de partida para diferentes rotas de desenvolvimento das abelhas. A "condição ambiental", responsável pelo estabelecimento das castas, está sob controle das próprias abelhas. Portanto, também temos aqui um exemplo da singularidade da colônia de abelhas: os próprios animais elaboram as suas condições de vida e de desenvolvimento.

A geleia real também tem uma função excepcionalmente importante para a saúde da colônia de abelhas. Do mesmo modo que o leite dos mamíferos, a geleia real das abelhas confere às larvas, na primeira fase de vida, imunidade frente a infecções bacterianas. Um dos principais caminhos para infecção das larvas é a invasão de patógenos através do intestino. Lá, no entanto, os germes patológicos deparam com a geleia real e suas substâncias de defesa. Com isso, a defensina (uma substância albuminosa) adquire um significado especial.

Junto aos componentes químicos conhecidos da geleia real (Figura 6.15; ver também a figura da conclusão), encon-

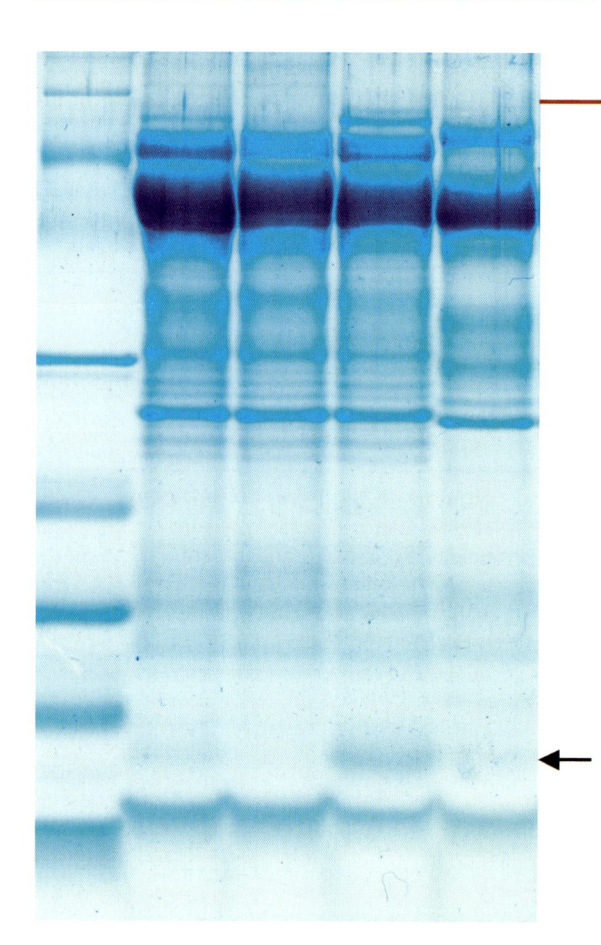

Figura 6.15 A separação dos componentes da geleia real, por eletroforese em gel, exibe a natureza molecular complexa dessa substância produzida pelas abelhas. As linhas horizontais simples correspondem a diferentes proteínas. A faixa marcada com um "D" é a defensina, uma substância albuminosa que protege as larvas de infecções. Nesta figura, a amostra à esquerda é uma mistura de substâncias conhecidas, que serve para aferição do experimento. Todas as outras colunas de separação representam amostras de geleia real de raças de abelhas diferentes. A defensina mencionada no texto (aqui indicada com seta e "D") é encontrada em todas as abelhas melíferas.

tram-se outros constituintes cuja função para o desenvolvimento e para a saúde das abelhas ainda não está esclarecida.

Com técnicas laboratoriais apropriadas, é possível criar abelhas artificialmente, desde o momento em que a larva emerge do casulo (Figura 6.16), passando por todos os estágios de larva e de pupa até o estágio adulto. Sob essa manipulação experimental, será possível estudar melhor o papel exercido por cada componente da geleia real no desenvolvimento, na determinação de castas e na saúde das abelhas.

O fenômeno das abelhas 163

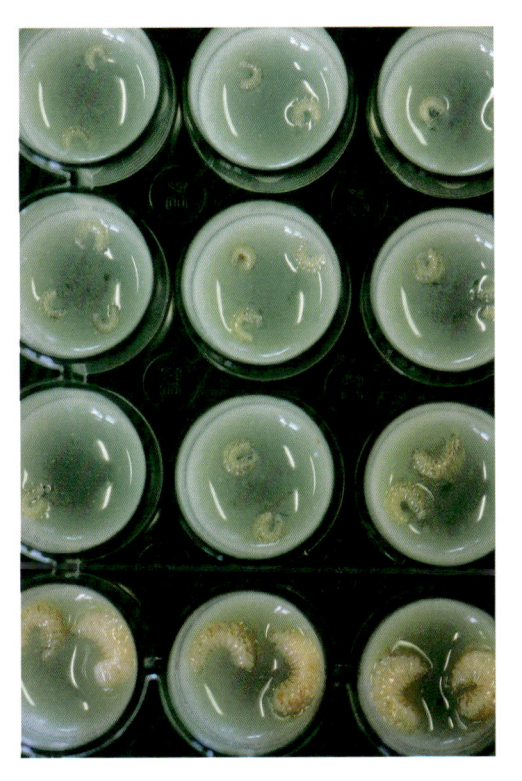

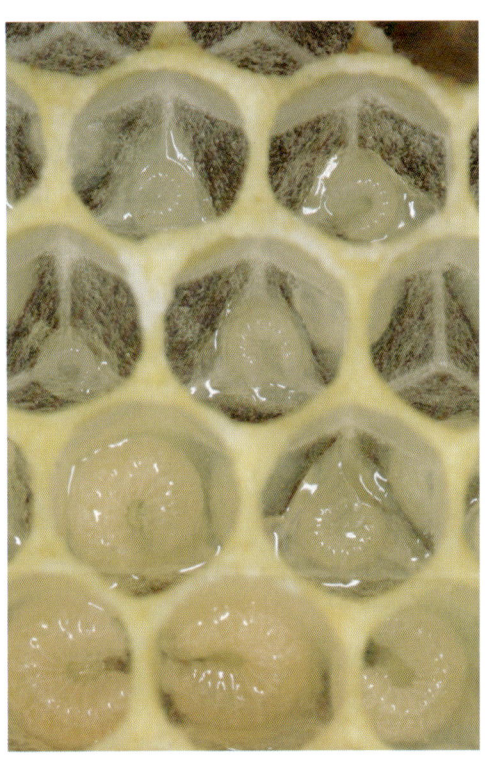

Figura 6.16 A criação de abelhas pode ser realizada artificialmente, iniciando pelo casulo das pequenas larvas, passando pelo estágio de pupa até a formação das adultas (à esquerda), imitando, assim, as condições de um ninho (incubadora).

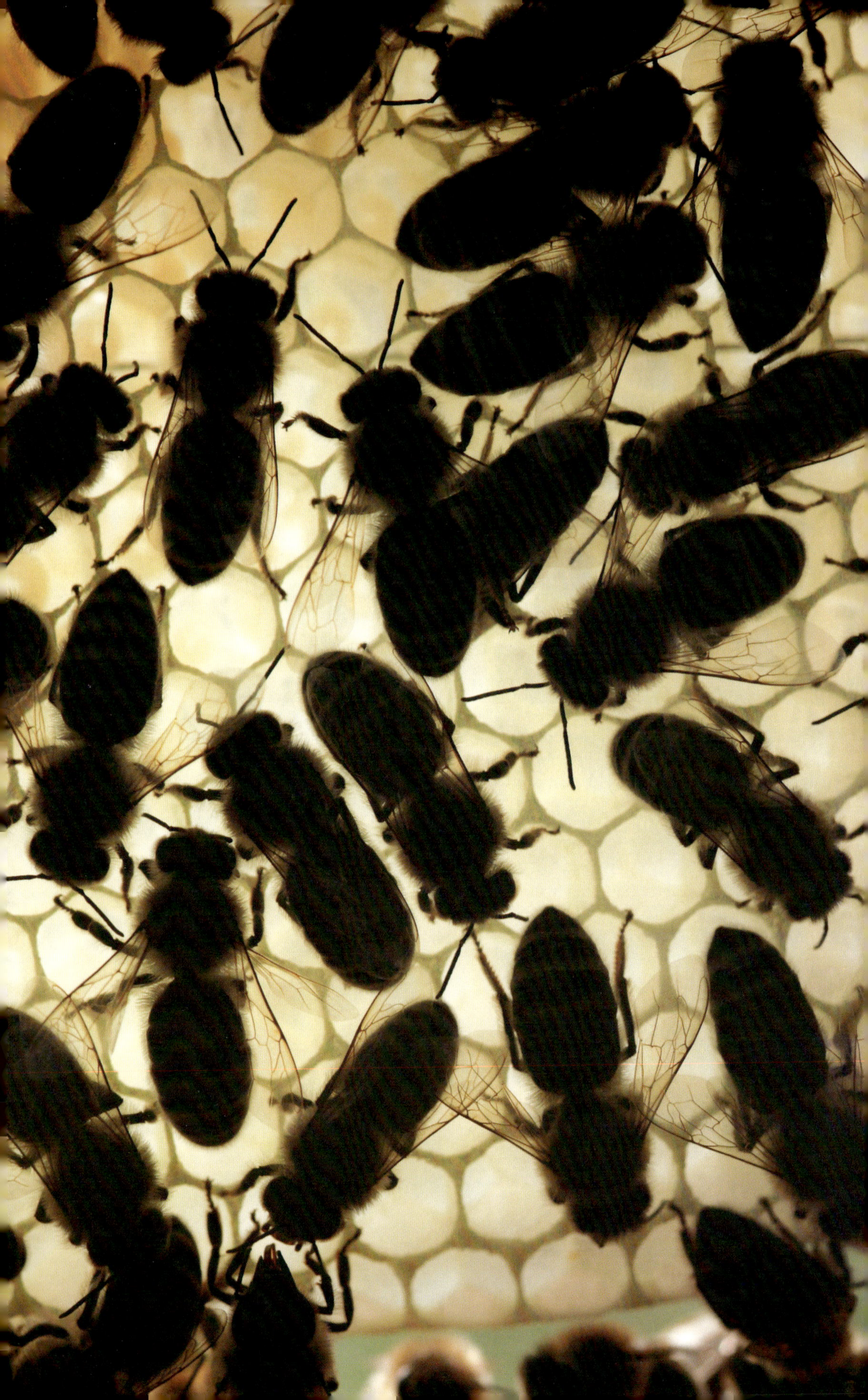

7

O maior órgão da colônia: construção e função dos favos

As características dos favos são um componente integral do superorganismo e, assim, contribuem para a fisiologia social da colônia.

O ninho das abelhas ocupa uma posição crucial para o superorganismo. Em vista disso, seu significado para o funcionamento da colônia é muito mais profundo do que o de qualquer outro ninho em geral. É possível construir um ninho protetor com materiais encontrados no ambiente. Por outro lado, os favos, de certo modo, são parte das abelhas. Mesmo a imagem do favo como um "comportamento estanque das abelhas" não representa bem a situação. As pegadas das gaivotas na lama da baixada (lama que surge nas praias no período da maré baixa) também constituem um comportamento estanque. Essas pegadas, no entanto, não têm consequências para a vida das gaivotas, a menos que elas atraiam predadores. Os favos da colmeia, contudo, determinam as características e a vida das abelhas. Como uma combinação de cavidades existentes (pelo menos nas latitudes temperadas) e de favos de cera, o ninho não é apenas um espaço de convivência, despensa e berçário, mas sim uma parte do superorganismo: esqueleto, órgãos sensoriais, sistema nervoso, armazenador de memória e sistema imunológico. Os favos e a cera, dos quais o ninho é construído, são produzidos pelas abelhas e estão inseparavelmente ligados à vida e ao funcionamento do superorganismo.

O favo: um órgão do superorganismo

Matéria, energia e informação são os três pilares sobre as quais toda vida se constrói. O estudo da fisiologia de organismos individuais examina como essas três dimensões fundamentais estão organizadas espacial e temporalmente no seres vivos. Os fisiologistas examinam detalhadamente as forças e os mecanismos que controlam e modulam esses fundamentos tão diferentes da vida.

Os favos são partes integrantes da colônia porque, com sua estrutura diversificada, exercem um papel indispensável para o fluxo de matéria, energia e informação através do superorganismo colônia. O ninho não é um ambiente no sentido clássico, ao qual as abelhas se adaptaram ao longo da evolução; como um ambiente construído pelas próprias abelhas, ele é uma parte da colônia, sujeita às mesmas leis da evolução que qualquer outro órgão ou qualquer outra característica das abelhas. As abelhas coletoras deixam os favos somente para seus voos, passando mais de 90% de sua vida dentro ou sobre eles. Esse extenso período da vida sobre o favo deixa claro que existem inúmeras possibilidades de interações entre as abelhas e seus favos como partes do superorganismo.

Em 1850, o grande psicólogo francês Claude Bernard (1813-1878) formulou a influente ideia de *milieu intérieur*, um "ambiente" dentro do organismo, que se distingue claramente em suas características do ambiente fora do organismo. Neste sentido, o "ambiente" interno é exatamente regulado, enquanto o mundo externo, o *milieu extérieur*, não pode ser controlado pelo organismo. O estado interno regulado é chamado de homeostasia.

O que acontece, porém, quando o ambiente construído por elas está inserido na manutenção de uma homeostasia, como no caso das abelhas? A diferença entre *milieu intérieur* e *milieu extérieur*, no sentido restrito, não ocorre mais. Aqui, o modelo de Bernard (onde o limite entre interior e exterior é nítido) não é reconhecível, porque o ninho é uma parte integral da fisiologia social do superorganismo colônia. Durante a evolução, o ninho desenvolveu-se com todas as suas características, paralelamente à quantidade de abelhas do superorganismo. As características do ninho são parte do superorganismo e, com isso, contribuem à fisiologia social e à aptidão biológico-evolutiva da colônia, exatamente como o metabolismo ou a capacidade de comunicação das abelhas individuais. Assim como a evolução moldou o sistema nervoso como parte das abelhas, ela também moldou o favo como parte da abelha.

A fábrica de cera

As próprias abelhas produzem o material para construir os favos. A cera é produzida por oito campos glandulares, dispostos em pares no lado ventral dos quatro segmentos posteriores do abdome. Essas áreas, sob as quais as glândulas da cera se distribuem, são facilmente encontradas na superfície do corpo das abelhas como áreas lisas, os assim chamados "espelhos de cera" (Figura 7.1). As glândulas de cera precisam de alguns dias até alcançarem seu tamanho definitivo. No caso de abelhas operárias, as glândulas atingem sua maior capacidade funcional

Figura 7.1 No lado ventral do abdome das operárias, encontram-se oito áreas lisas, os espelhos de cera. A cera produzida nas glândulas expande-se sobre esses espelhos e endurece em pequenas escamas.

Figura 7.2 Quando há necessidade de construir favos na colônia, as operárias desenvolvem suas glândulas de cera sob os oito espelhos de cera e "expelem" oito escamas por dia.

entre o décimo segundo e o décimo oitavo dia de vida. Depois disso, elas retrocedem. Contudo, se for necessário, mesmo velhas abelhas podem ter suas glândulas de cera novamente "rejuvenescidas": em uma colônia constituída artificialmente apenas de abelhas velhas, as glândulas de cera de um número considerável delas retomarão sua capacidade máxima de produção. Essa plasticidade de capacidades relacionadas à idade estende-se a muitos aspectos da vida de uma abelha, não somente na produção de cera e seu emprego apropriado. Uma grande flexibilidade em anatomia, fisiologia e comportamento é uma característica marcante da biologia das abelhas.

Se a cera é expelida para a parte exterior corporal das abelhas, ela se transforma em escamas muito finas e pequenas (Figura 7.2).

A produção controlada do material de construção pelo próprio corpo é uma peculiaridade das abelhas que causa grandes consequências para toda a sua biologia. Dessa maneira, as próprias abelhas podem determinar as características de sua matéria-prima para a construção dos favos. Isso se assemelha a um artesão, que controla a natureza física material de seu trabalho, podendo, desse modo, atender a demandas específicas.

As escamas que não caem imediatamente do abdome são pegas pelas abelhas, mediante um segmento do pé traseiro es-

Figura 7.3 As escamas de cera são capturadas pelos espelhos do abdome com as "pontas" das pernas traseiras e passadas para frente.

pecialmente aumentado (Figura 7.3) e, através das pernas medianas e dianteiras, passadas para frente até o aparelho bucal (Figura 7.4).

Na região mandibular, as escamas são bem amassadas com as duas mandíbulas e misturadas com a secreção da glândula mandibular. Desse modo, a cera chega a uma consistência com a qual a abelha pode trabalhar bem. Para esse processo de preparação, uma operária necessita, em média, de quatro minutos por escama. Aproximadamente 8.000 células são produzidas de 100 g de cera e, para isso, são necessárias cerca de 125.000 escamas de cera (Figura 7.5).

A produção de cera de uma colônia demanda uma grande quantidade de energia, especialmente para a construção do ninho em um novo local. Um enxame que necessita reconstruir um favo inteiro em sua nova casa precisa investir a energia de cerca de 7,5 kg de mel para produzir 1.200 g de cera. Com o tempo, desses 1.200 g de cera, as abelhas constroem em torno de 100.000 células, o que corresponde a um ninho de tamanho médio.

A construção do favo

Logo após a enxameação, a reserva de mel colhida na viagem fornece energia

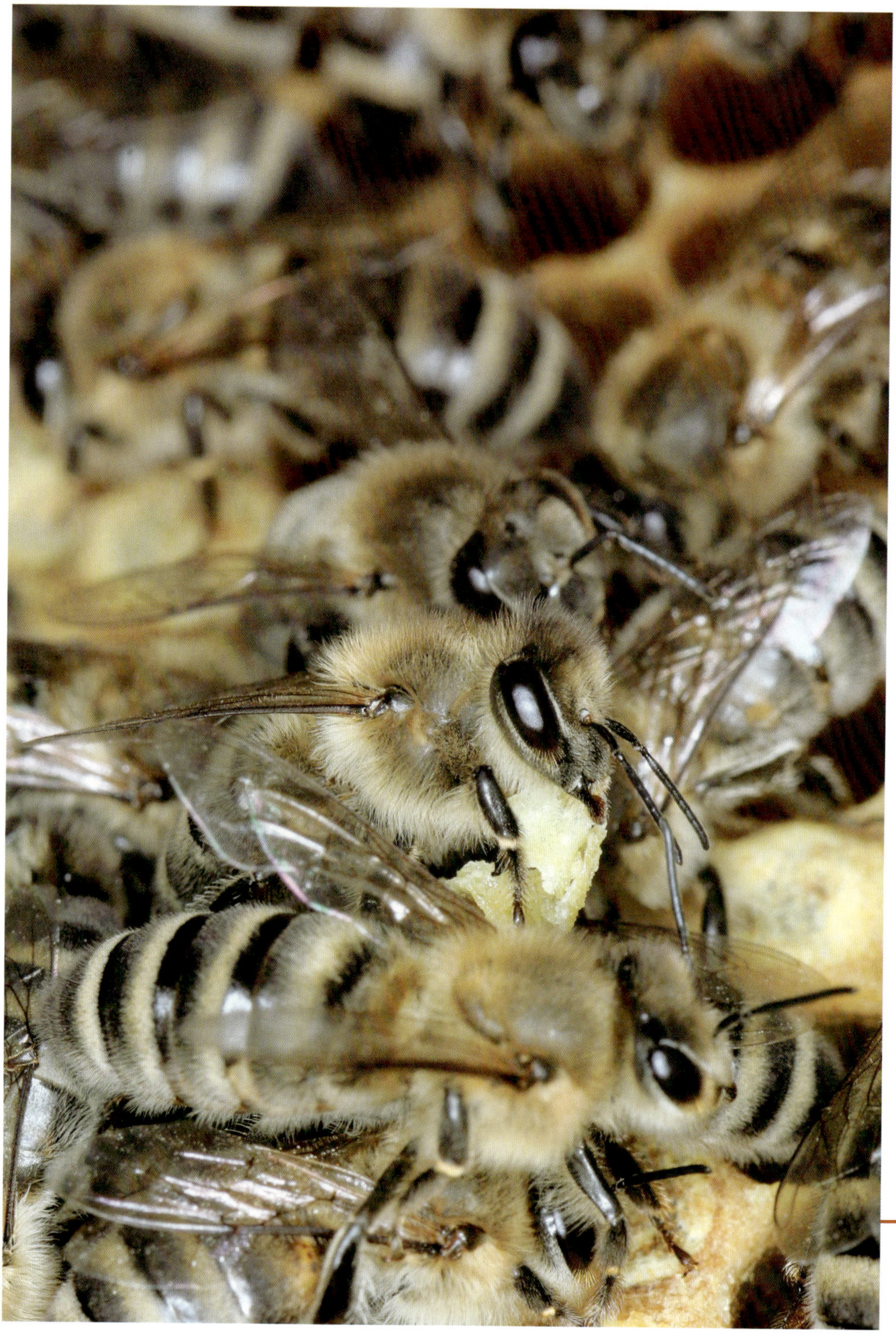

O fenômeno das abelhas 171

Figura 7.5 Em uma colônia ativamente ocupada na construção de um ninho, é comum cair escamas de cera sobre o chão da entrada do ninho. Como mostra a figura, essas escamas situam-se entre montículos de pólen caídos.

suficiente para a produção de aproximadamente 5.000 células, como um início para a nova casa. Como as atividades de coleta são retomadas imediatamente, a construção pode ser reiniciada em breve.

Na construção do favo em uma cavidade, as abelhas começam pelo teto. Ainda totalmente desorganizado no início, elas colam com suas peças bucais bolinhas de cera sobre a superfície. As abelhas podem iniciar simultaneamente em vários locais a construção de cada favo. Os pontos iniciais dessas colagens são escolhidos de maneira aleatória (Figura 7.6), mas, uma vez estabelecidos, eles influenciam as atividades seguintes das abelhas construtoras.

As formações resultantes de cera, no início ainda bem grossas, desenvolvem-se umas sobre as outras, de modo que as abelhas seguintes não colocam sua carga de cera em qualquer lugar, mas preferem acrescentá-las a camadas de cera já existentes. Em 1959, o entomólogo francês P. P. Grasse definiu tal mecanismo como es-

Figura 7.4 As operárias amassam os montículos de cera com seu aparelho bucal e acrescentam uma enzima, tornando ainda mais fácil o trabalho com a cera.

Figura 7.6 A construção de um novo favo inicia com montinhos de cera, divididos aleatoriamente no teto da futura casa.

tigmergia, em que a construção de estruturas não exige qualquer comunicação entre os animais participantes. Visto que a adição de montículos de cera onde ela já estava depositada é inata às abelhas, rapidamente formam-se camadas espessas desse material. Enquanto esses depósitos vão sendo engrossados em alguns locais, outras abelhas estendem paulatinamente a cera até as células alongadas em muitos locais.

Com isso, os setores separados que formam o favo encontram-se com tamanha exatidão, que praticamente não se percebe qualquer irregularidade no padrão celular concluído (Figura 7.7).

Neste estágio, muitas abelhas formam correntes vivas entre a borda do favo em construção e a parede da cavidade. Elas se entrelaçam mutuamente com suas pernas e assim permanecem penduradas, imobilizadas, por longos períodos (Figura 7.8). O significado desse comportamento notável das abelhas é com-

Figura 7.7 Com frequência as "tropas" de construtoras começam a construção do favo simultaneamente em locais diferentes. No entanto, isso não acarreta problemas sérios. As duas partes do favo se ajustam com em um fecho ecler.

O fenômeno das abelhas 173

Figura 7.8 Desconhece-se completamente a função das correntes vivas, formadas pelas abelhas onde são construídos favos novos ou reparados favos defeituosos.

pletamente desconhecido. Será que elas servem de "escada" para as abelhas que recolhem escamas de cera caídas no chão da cavidade do ninho e as levam para cima, para o local de construção? Não sabemos, pois, para tanto, ainda faltam observações.

A aparência das células de um favo causa admiração a qualquer observador. Nesse padrão, destaca-se a incrível regularidade geométrica (Figura 7.9) que muitas vezes serve de modelo para ornamentos artísticos.

Detendo-se aos detalhes dessa geometria de favos, a primeira impressão é comprovada: trata-se de uma formação de precisão inacreditável. A espessura das paredes das células, medida em uma extensão de mais de um centímetro, perfaz exatamente 0,07 mm. Todos os ângulos entre as paredes lisas são de 120° (Figura 7.10), e os favos pendem exatamente na vertical, fazendo com que a célula não se posicione perfeitamente na horizontal, mas sim se incline um pouco em direção à base celular. A distância

Figura 7.9 Um favo novo feito de cera branca nova é esteticamente uma bela visão.

típica entre os favos pendentes paralelamente é de 8 a 10 mm.

Johannes Kepler, Galileu Galilei e muitos outros grandes pensadores interessados na matemática eram fascinados pelos favos das abelhas. Parece difícil imaginar como tal precisão de construção fosse possível, sem uma compreensão matemática por parte das abelhas.

À medida que a fisiologia da abelha foi sendo conhecida, compreendeu-se melhor como se dá a formação dos favos pendentes na vertical e estruturados paralelamente (Figura 7.11).

Abelhas possuem estofos de pelos sensoriais em todas as suas articulações. Quando a gravidade desloca partes do corpo das abelhas umas contra as outras, esses estofos são estimulados como pêndulos ou alavancas (Figura 7.12). Desse modo, as células sensoriais desses estofos podem identificar a direção em que a gravidade atua. Como geralmente é muito escuro nas cavidades que as abelhas escolhem para construir seus ninhos, a sua sensibilidade visual não as auxilia.

Guiadas pelo seu senso de gravidade (Figura 7.12), as abelhas conseguem

Jürgen Tautz

manter uma direção de construção de favos que é orientada verticalmente para baixo. A distância entre os favos resulta do espaço ocupado por uma abelha de pé no favo. Ao se moverem sobre a superfície de favos vizinhos, elas precisam ser capazes de passar sem dificuldade umas pelas outras, com um mínimo de distância (Figura 7.13). Essa distância mínima é mantida com precisão, pois as abelhas não desperdiçam qualquer volume espacial.

As pequenas vias assim originadas entre os favos também favorecem que as abelhas enviem correntes de ar através do ninho, para fins de climatização. Favos pendentes lado a lado não são necessariamente planos como pranchas, mas dispõem-se paralelos um ao outro. As abelhas construtoras orientam-se por meio de órgãos sensoriais, ainda desconhecidos, que detectam as linhas do campo magnético terrestre.

Porém, como esse padrão extremamente preciso se origina de células individuais? Pode ser frustrante constatar que o mecanismo que garante a exatidão cristalina da geometria celular é um processo de auto-organização que, à parte da participação das abelhas, ocorre inteiramente por si só. Porém, é exatamente aí que reside a engenhosidade da construção de favos.

A chave para a exatidão cristalina das células do favo encontra-se nas propriedades da cera de abelha, o material

Figura 7.10 Os detalhes geométricos de um favo de abelhas sempre fascinaram os homens.

empregado na construção. As vespas também constroem padrões hexagonais, cuja geometria, no entanto, é livremente estabelecida e suas células constituintes são de fato cilindros (Figura 7.14). O material de construção das vespas é o papel, que elas produzem a partir de fibras de madeira e de sua saliva. As paredes das células orientam-se, mais ou menos regularmente, sob a tensão exercida pelas células vizinhas, o que pode ser visto nas células das bordas, cujo lado externo livre é abaulado.

As células das abelhas, ao contrário, são perfeitamente formadas. Ao mesmo tempo, não se pode dizer que as abelhas sejam construtoras mais precisas que as vespas, mas seus esforços são apoiados pela cera como "material de construção ativo".

A cera de abelha contém mais de 300 compostos químicos diferentes. Em sua mistura, as abelhas produzem uma substância com propriedades físicas de um líquido, mesmo que a cera pareça sólida em temperaturas mais baixas. É a mesma situação do vidro, que, do ponto de vista físico, é um líquido. E por que isso? Os corpos sólidos têm um ponto de derretimento claramente definido; o vidro, ao contrário, torna-se progressivamente mais fluído à medida que for aquecido. O mesmo acontece com a cera. Na verdade, as mudanças observadas na cera com o aumento da temperatura não são constantes. A fina estrutura interna das camadas de cera exibe três estados básicos: o estado cristalino altamente ordenado, no qual as moléculas de cera apresentam um alinhamento paralelo perfeito, e no outro extremo,

Figura 7.11 Favos construídos livremente pendem na vertical e dispõem-se paralelamente entre si em uma cavidade de árvore.

Figura 7.12 A direção da gravidade é usada pelas abelhas na escuridão da cavidade, para organizar ordenadamente os favos. Os órgãos sensoriais de gravidade encontram-se em todas articulações das pernas e entre a cabeça, tórax e abdome.

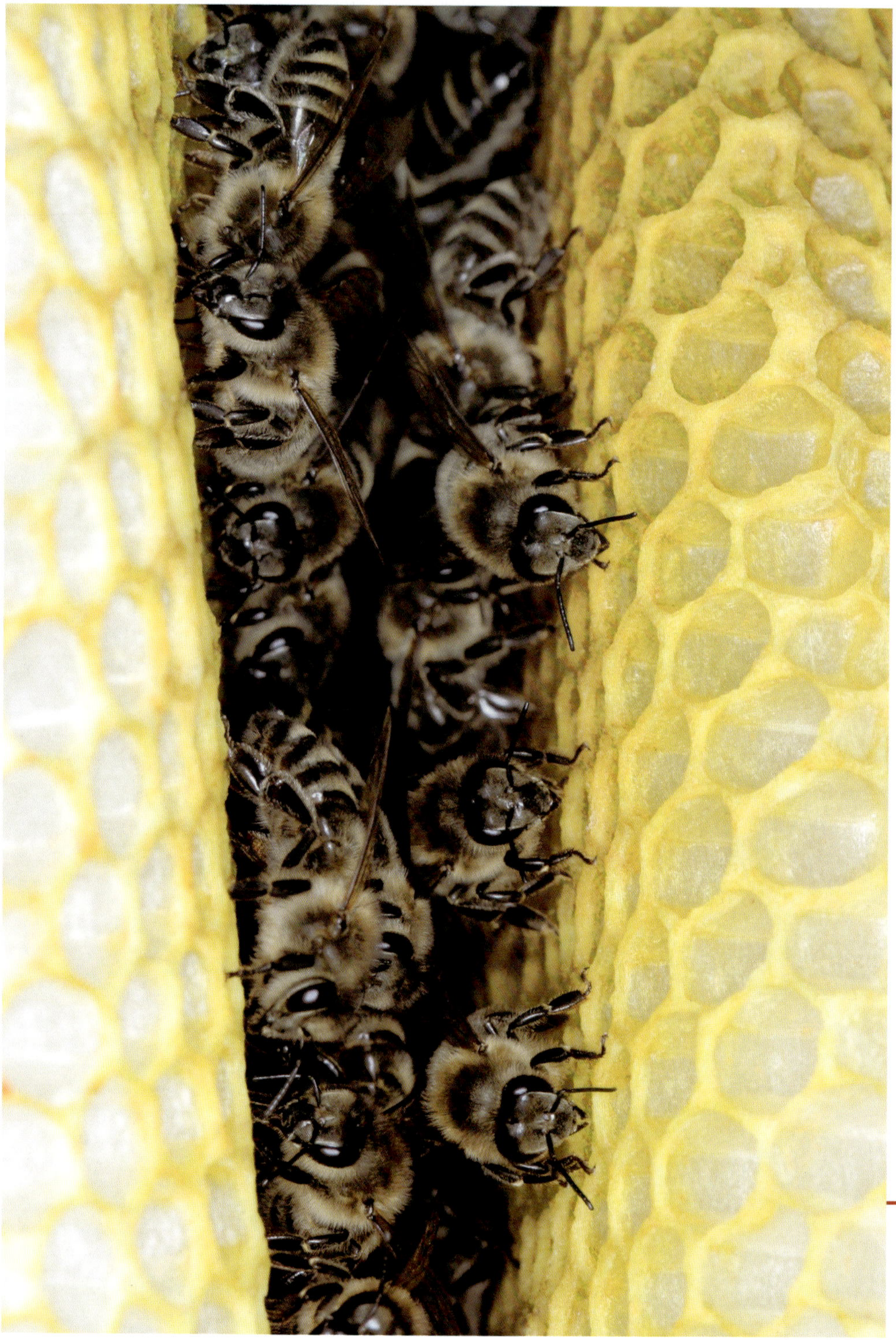

O fenômeno das abelhas

Figura 7.14 As vespas constroem seus ninhos com pasta de papel, que elas próprias produzem de madeira mastigada. Em comparação aos favos de uma colônia de abelhas, os das vespas parecem geometricamente menos exatos. Faltam cantos precisos e ângulos exatos.

um estado amorfo, em que as moléculas se encontram completamente desorganizadas. Entre esses dois extremos prevalece um estado pseudocristalino, com segmentos amorfos e cristalinos lado a lado. Ceras aquecidas apresentam uma estrutura interna amorfa. A transição das estruturas cristalina e pseudocristalina para o estado amorfo não transcorre gradualmente com a temperatura crescente, mas sim em duas etapas: a aproximadamente 25°C e 40°C (as assim chamadas temperaturas de transição). Nesses pontos de transição, há também uma alteração clara e abrupta na mobilidade das moléculas de cera umas em relação às outras, o que é expresso macroscopicamente como uma mudança na sua plasticidade.

Essas propriedades físicas da cera e a capacidade das abelhas de elevarem a temperatura do seu corpo acima de 43°C constituem a base para a construção de favos geometricamente precisos. Em 1637, R. A. Remmant, sem auxílio de equipamentos de alta tecnologia, observou corretamente e escreveu: "o calor das abelhas torna a cera tão quente e flexível que elas podem trabalhá-la e usá-la logo após a coleta". Contudo, um erro difundido naquela época também passou despercebido a Remmant: pensava-se que as abelhas coletavam cera das flores.

Ao iniciarem a construção das paredes da célula, as abelhas usam seu próprio corpo como molde e constroem tubos cilíndricos ao redor de si. A base das

Figura 7.13 Os favos vizinhos pendem paralelamente entre si e a distância entre eles (a largura das vias do favo) é estruturada de tal maneira que duas abelhas têm espaço suficiente para passar uma pela outra.

células são semicírculos perfeitamente alisados e permanecem assim por muitas semanas após a estruturação dos favos. As células inicialmente cilíndricas assumem sua forma hexagonal típica (Figura 7.15) apenas quando as abelhas elevam a temperatura da cera para 37 a 40°C (Figura 7.16). O local de construção de células é aquecido pelas operárias, que esquentam a cera e, desse modo, fazem com que as finas paredes escorram lentamente. Devido à tensão mecânica interna das paredes, ocorre o que se observa no contato de duas bolhas de sabão: a parede comum entre as bolhas de sabão torna-se plana. Dessa maneira, as paredes laterais entre cilindros justapostos também são estendidas em linha reta e se tornam uma superfície totalmente lisa. Elas adquirem uma espessura uniforme de 0,07 mm e formam entre si ângulos exatos de 120°.

Abelhas construtoras com amputação dos últimos segmentos de ambas as antenas constroem células defeituosas, cujas paredes possuem quase o dobro da espessura normal e, além disso, podem ser perfuradas. Os órgãos sensoriais, com os quais as abelhas medem a temperatura de seu entorno, estão embebi-

Figura 7.15 As células são organizadas inicialmente como cilindros e somente com o passar do tempo assumem sua forma hexagonal exata.

dos nos segmentos de suas antenas; a maioria desses receptores se localiza no segmento mais externo da ponta da antena, mas também, em número menor, nos segmentos seguintes. Amputações de antenas privam as abelhas de muitas funções sensoriais, tornando-as, ao mesmo tempo, insensíveis à temperatura. Pode-se especular, portanto, que essas abelhas, que são responsáveis pelo aquecimento preciso da cera, não conseguem mais medir a temperatura da cera.

Desse modo, de segmento em segmento, origina-se o modelo cristalizado das células dos favos. Um olhar através de um favo transparente contra a luz dá a impressão que, desde do início, a base da célula é composta de três losangos do mesmo tamanho. No estágio inicial da construção do favo, isso é ainda uma ilusão de ótica, causada pelo olhar através das bases hemisféricas das células sobre o outro lado do favo (Figura 7.17).

Com o passar do tempo, as bases das células acabam ficando tão finas que, conforme o mesmo princípio de auto-organização descrito para as paredes laterais, formam-se três losangos regulares, totalmente planos. Por fim, resulta o favo perfeito.

Mesmo sem as abelhas para elevarem a temperatura, o processo de produção de células hexagonais pode ser modelado artificialmente com pequenos

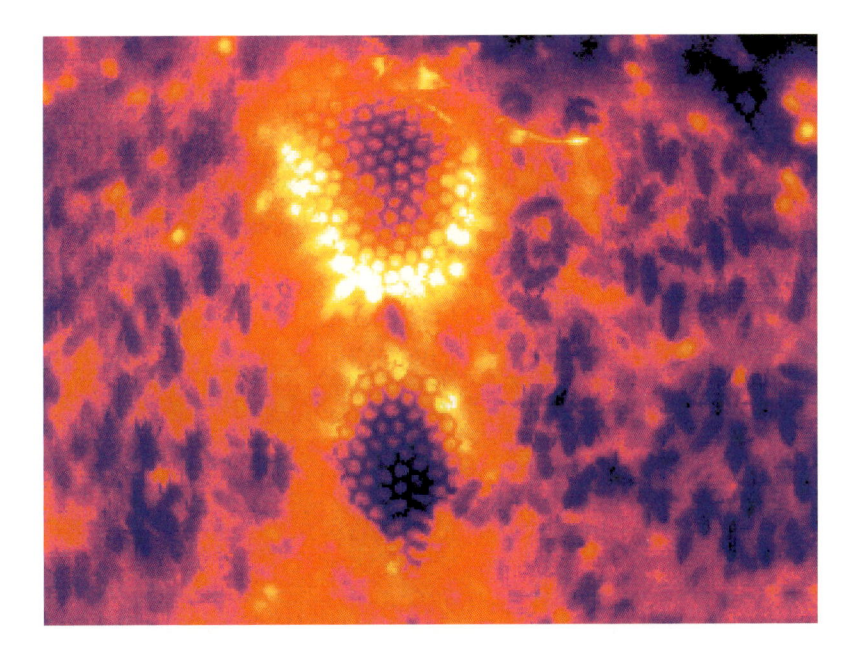

Figura 7.16 Como mostra esta imagem termográfica de dois locais de construção, as abelhas construtoras aquecem a cera a temperaturas nas quais ela começa a derreter e, assim, forma hexágonos regulares em resposta a tensões internas.

Jürgen Tautz

cilindros de cera, justapostos e aquecidos gradualmente. As células do favo construídas por uma colônia de abelhas a bordo de uma nave espacial da NASA em 1984, a "gravidade zero" e sem força centrífuga, eram tão exatas como as formadas sob condições terrestres. As forças internas das células do favo, formadoras de modelos, praticamente não necessitam de ajuda externa, com exceção do calor fornecido pelas abelhas. Apenas a inclinação das células em relação ao eixo horizontal pareceu desorganizada no espaço, o que era esperado, pois não havia gravidade para orientar a direção.

Os favos resultantes do processo de auto-organização têm não somente uma geometria impressionante, mas, além disso, possuem características estáticas e dinâmicas notáveis. Após o acabamento dos favos, essas características são continuamente controladas e corrigidas pelas abelhas.

Os matemáticos calcularam reiteradamente e com novos métodos cada vez mais convincentes que a geometria do favo de abelha representa a solução perfeita, quando se deseja construir o maior volume possível com a menor quantidade de cera. O primeiro a realizar tais observações foi o astrônomo e matemático grego Pappus de Alexandria (aproximadamente 290 a 350 d. C.). Essas considerações idealizadas certamente são corretas para os segmentos dos favos um pouco abaixo das margens celulares. Se forem incluídas nos cálculos as protuberâncias de cera sobre as margens celulares, esse peso adicional de 30% de cera (às vezes, até 50%) frustraria qualquer cálculo de aproveitamento.

Os favos não consistem apenas de cera. As abelhas trabalham com a própolis como uma matéria estranha que elas raspam das plantas como resina e a qual elas depositam sobre as paredes de cera, bem como inserem nelas. Por meio da distribuição deliberada de própole sobre e na cera, as abelhas têm mais uma possibilidade de manipular as propriedades dos favos. Tais manipulações são realizadas pelas abelhas conforme o uso dos segmentos do favo.

Funções dos favos

Os favos e suas de 100.000 a 200.000 células desempenham múltiplas funções para as abelhas, tais como:

- área de proteção
- local para produção de mel
- local para armazenamento de mel

Figura 7.17 As bases das células recém-construídas são hemisféricas. Ao olhar através das suas paredes delgadas, aparecem imagens de três losangos, formadas pelas bases das paredes celulares do outro lado do favo.

- local para armazenamento de pólen
- berçário
- sistema de comunicação fixa
- armazenador de informações
- identidade da colônia
- primeira linha defensiva contra patógenos

As primeiras quatro funções mencionadas não exigem quaisquer características especiais do material de construção, mas sim uma distribuição apropriada das respectivas regiões no ninho.

Tudo depende do conteúdo

Alguns favos servem principalmente para o armazenamento de mel. Tais reservas encontram-se nos favos mais periféricos do conjunto de favos da colônia. No centro de uma colmeia é colocado o ninho da prole, que requer cuidados especiais e que pode se estender por vários favos vizinhos. Cada favo apresenta três zonas: (1) no centro, células com ovos, larvas e pupas; (2) em contato direto, uma coroa de células repletas de pólen; (3) o restante do favo é preenchido de mel. No período de criação dos indivíduos reprodutivos, esse modelo se torna mais complexo, pois são adicionadas células um pouco maiores para a produção dos zangões (Figura 7.18).

As células cheias de pólen não são fechadas. As abelhas misturam pólen com pequenas quantidades de néctar e o amassam firmemente nas células (Figura 7.19). Essa massa fica tão compactada que a célula não precisa ser lacrada.

Para o processo de transformação que permite produzir mel a partir do néctar, é necessário calor para a evaporação da água. Esse calor é fornecido pelos próprios corpos das abelhas

Quando o néctar atinge a consistência ideal, cada célula recebe um lacre de cera. Os eixos horizontais de células em um favo estão ligeiramente inclinados para dentro, de modo que a combinação de gravidade e tensão superficial impede que o néctar escorra das células, antes que elas sejam fechadas (Figura 7.20).

Uma colônia pode produzir até 300 kg de mel durante um verão; a maior parte deste mel é utilizada como combustível para aquecimento (▶ Capítulo 8).

O armazenamento de uma quantidade tão grande quantidade de mel tem seus perigos. Por um lado, em princípio, os microrganismos poderiam se proliferar facilmente nesse "paraíso". Esse processo é evitado pelas abelhas por meio de peptídeos e enzimas antibacterianas e antimicóticas de suas glândulas salivares, que elas adicionam ao néctar.

Por outro lado, esse volumoso tesouro doce aguça a cobiça dos saqueadores, sejam eles de membros de outras espécies ou abelhas de colônias vizinhas competidoras, que procuram um caminho fácil para suprir os seus estoques. As abelhas utilizam o seu ferrão justamente contra a ameaça à reserva, que cresce consideravelmente sobretudo no final do verão, quando as condições de abastecimento tornam-se desfavoráveis (Figura 7.21). Se uma abelha ataca outra abelha, ela consegue sem problema reti-

Figura 7.18 O favo é o berçário para todos os tipos de abelhas da colônia, como aqui os zangões e as operárias. As pupas dos zangões se desenvolvem nas células grandes, com tampas abauladas ao fundo; as pupas das operárias estão nas células menores, com tampas de forma mais plana na frente.

rar o seu ferrão da vítima. O surgimento mais tarde na evolução de animais como os mamíferos, de cujos tecidos o ferrão (com suas farpas) não pode ser extraído, não era "esperado" pelas abelhas, e pode ser interpretado como um "acidente" evolutivo.

Se for arrancado o ferrão da abelha que atacou, com a glândula de veneno os pequenos músculos e as células nervosas, a ele anexados, ela acaba morrendo, devido ao grande ferimento no seu abdome.

Na verdade, o número de abelhas que perdem a vida dessa maneira é insignificante para a colônia, razão pela qual não houve uma seleção na direção de ferrão liso.

Mesmo separado, o aparelho do ferrão extraído se mantém altamente ativo e seus músculos menores continuam operando as diferentes partes do ferrão, que exibem movimentos relativos entre si. As farpas desse ferrão penetram no tecido e liberam no ar um feromônio de alarme, que impele outras companheiras da col-

Figura 7.19 O pólen é depositado nas células na forma de grumos grosseiros ou esmagado como pó fino.

O fenômeno das abelhas 189

Figura 7.20 O néctar fresco brilha nas células.

Figura 7.21 Quando a oferta de alimento fora no campo escasseia, são comuns as disputas entre colmeias pelo mel estocado. Desse modo, acontecem combates na entrada da colmeia ou no seu interior.

meia para o ataque. O feromônio de alarme é produzido por uma pequena glândula abaixo do ferrão e seu componente principal chama-se acetato de isopentila, responsável pelo cheiro característico das bananas maduras. Por isso, aconselha-se não comer bananas maduras perto de uma colônia de abelhas, a menos que se queira testar, na própria pele, o alarme em massa delas.

O padrão de distribuição do ninho das crias, pólen e mel através do favo é biologicamente expressivo. O preciso ninho das crias fica no centro, para garantia da melhor proteção; o pólen é colocado diretamente ao redor das larvas, para facilitar o acesso das abelhas nutrizes responsáveis pelas crias; o espaço de armazenamento restante é completado com mel.

Porém, como esse padrão é criado? Quem tem a visão geral e coordena os trabalhos que levam a esse padrão?

Novamente as abelhas apresentam um exemplo de mecanismo de auto-organização, descentralizado.

Os participantes da origem do padrão de distribuição "cria-pólen-mel" são: a rainha, pela colocação dos ovos, cuja distribuição, no entanto, pode ser inteiramente corrigida pelas operárias; as abelhas receptoras de néctar, que o recebem das abelhas coletoras e o depositam nas células; e as abelhas coletoras de pólen, que depositam sua colheita diretamente nas células. A questão sobre a origem do padrão de distribuição é realmente uma busca por regras, que governam o preenchimento ou esvaziamento de cada célula com crias, pólen e néctar.

Cada célula de um favo pode receber, em períodos diferentes, qualquer um dos três conteúdos possíveis. Entre os construtores de favos, apenas as abelhas (com ferrão) apresentem esse uso diversificado de suas células. As mamangavas, as abelhas sem ferrão e as vespas, que também constroem favos, utilizam cada célula para uma única finalidade.

Durante o auge da colônia no verão, uma rainha põe cerca de um ovo em cada célula vazia a cada minuto. Com isso, ela visita por dia entre 1.000 e 2.000 células. Entretanto, ela não trabalha com tanta regularidade por todo o favo. Isso seria perfeitamente possível, dado o padrão geométrico do favo. Contudo, ela realiza a postura dos ovos preferencialmente em células vazias localizadas nas proximidades de crias, iniciando sua atividade no meio do favo. Dessa maneira, originam-se áreas de crias centralizadas e contínuas. Essas áreas contínuas são de enorme importância para a fisiologia social da colônia, como ainda será mostrado. O pólen é armazenado ao redor das crias e o mel, em forma de coroa, na parte externa do favo (Figura 7.22).

O nível de desempenho exigido do superorganismo para o preenchimento das células com mel e pólen é impressionante. Durante uma estação, uma colônia produz até 300 kg de mel. Para tanto, são necessários cerca de 7,5 milhões de voos, com uma distância total que perfaz no mínimo 20 milhões de km, o que representa mais da metade da distância entre a Terra e Vênus, assumindo que cada abelha retorna ao ninho carregada. Considerando uma carga de 40 mg de néctar (o que representa praticamente mais da metade do próprio peso de uma abelha) para um voo de coleta, são necessários aproximadamente 25 voos para preencher uma única célula com mel. Um grupo de abelhas "produtoras de mel" transforma o néctar, originalmente com 40% de açúcar, em mel, com 80% de açúcar.

Uma colônia colhe por ano uma quantidade de 20 a 30 kg de pólen. Uma coletora de pólen traz para casa cerca de 15 mg, distribuídos nos dois cestos de pólen. Para reunir a reserva de pólen de uma colônia são necessários entre um e dois milhões de voos de coleta.

O típico padrão de distribuição de cria, mel e pólen em um favo, encontrado especialmente no início de uma estação, efetua-se, portanto, mediante um processo de formação autorregulado.

Em princípio, seria imaginável que diferentes áreas de um favo estão marcadas pelas abelhas para o tipo de uso simplesmente através de sua localização.

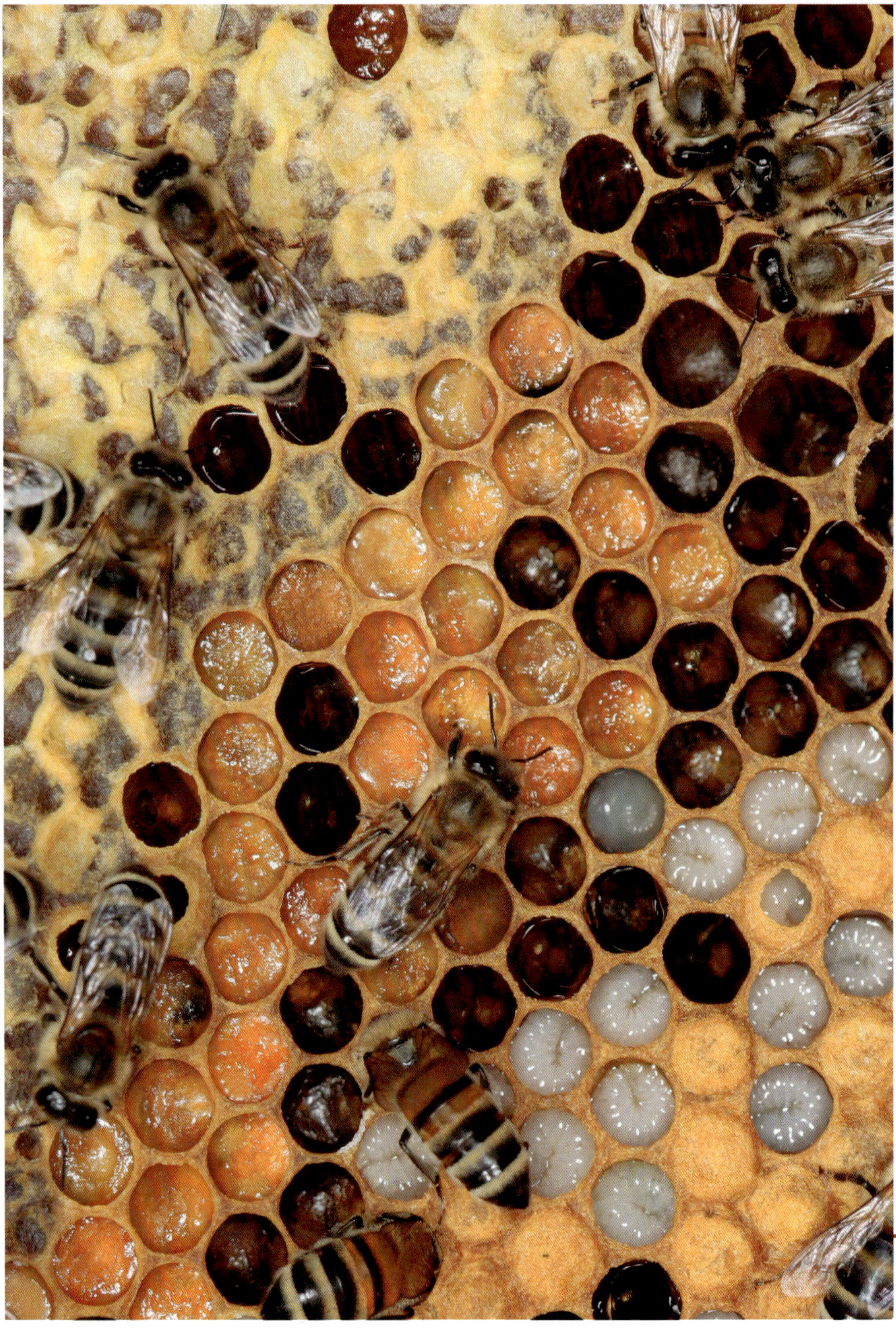

Seria possível especular sobre alguma grandeza desconhecida, que se modifica do centro para a margem do favo. As possibilidades seriam: sinais químicos ou aspectos físicos (tais como propriedades mecânicas) das células do favo ou a temperatura. Essa ideia pode ser facilmente testada, desmontando um favo como um quebra-cabeça e montando-o novamente de maneira diferente na colmeia. Em pouco tempo, as abelhas corrigem essa desorganização, refazendo o padrão original.

Não existe, portanto, qualquer padrão impresso sobre o favo, a partir do qual as abelhas se orientam. Algumas regras simples em um processo de auto-organização levam a uma distribuição concêntrica dos preenchimentos das células. A rainha sempre põe os ovos perto das crias. O fluxo de néctar para a colônia é maior que o fluxo de pólen. A retirada de mel das células é mais intensa que o uso de pólen; portanto, o movimento de mel é maior que o de pólen. Com isso, pólen e mel de células próximas das crias são movimentados aproximadamente dez vezes mais rápido que de células mais distantes. Essa taxa está condicionada funcionalmente: o pólen serve, como descrito no Capítulo 6, para a produção de geleia real, enquanto o mel é usado, como apresentaremos no Capítulo 8, para a produção do calor para a cria. O período para o desenvolvimento da cria é longo em comparação aos outros processos dinâmicos de carga e retirada, o que leva à formação do centro estável do favo. O número de ovos depositados e as quantidades de mel e pólen produzidas e usadas não exercem qualquer papel na aparência do padrão resultante, mas influenciam apenas na velocidade em que a distribuição se processa.

Os favos das abelhas também são uma rede de comunicação e uma reserva de memória para o superorganismo. Como uma rede telefônica crescente, eles transmitem informações entre as abelhas como partes do superorganismo, assim como o sistema nervoso faz entre os órgãos de um corpo. Como reserva de memória, eles mantêm dados baseados quimicamente, que as abelhas utilizam para orientação espacial e identificação.

A rede telefônica

As bordas superiores das células terminam em uma margem saliente (Figura 7.23). As abelhas se movem sobre essas saliências, que desempenham um papel decisivo na comunicação entre as abelhas na escuridão do ninho. Como não podem ser empregados sinais ópticos nesse ambiente escuro, as vibrações de baixa amplitude que se propagam através do favo têm um papel importante nessa comunicação entre as abelhas.

Há 70 anos, Karl von Frisch já especulara que finas vibrações poderiam ter alguma função na linguagem da dança. Recentemente, suas suspeitas foram confirmadas pelos resultados de um experi-

Figura 7.22 Cria, pólen e mel tampado não estão distribuídos de forma aleatória sobre o favo, mas sim compõem um padrão constante.

Jürgen Tautz

mento comportamental simples: abelhas que dançam sobre células vazias (que reproduzem facilmente vibrações) recrutam três a quatro vezes mais visitas a um local de alimento, em comparação com aquelas que dançam sobre superfícies lisas de células lacradas. Portanto, a cadeia de comunicação funciona nitidamente melhor sobre células vazias do que sobre uma superfície uniforme no ninho.

A causa física dessa diferença na eficiência de danças idênticas sobre superfícies diferentes esclareceu-se por meio do emprego da vibrometria a laser, uma técnica altamente sensível. Ela permite uma captação sem contato de vibrações inimaginavelmente fracas, produzidas por uma dançarina sobre o favo.

Todos os detalhes dessa rota de comunicação, esclarecidos até agora, indicam que o favo não representa uma linha de transmissão definida para vibrações, como é a haste de uma planta para sinais sutis de alguns insetos. Em vez disso, eles revelaram complexas interações entre a arquitetura do favo, as propriedades físicas e químicas da cera e o comportamento de comunicação das abelhas.

Chama a atenção que os favos das abelhas asiáticas gigantes e anãs (com nidificação livre) não apresentam tais saliências. Essas abelhas formadoras de colônias constituem um saco vivo com milhares de indivíduos interligados, que fica ao redor do favo e dentro do qual acontece a maior parte da comunicação. Por outro lado, as abelhas que nidificam em cavidades passam a maior parte de sua vida diretamente sobre os favos. Nesse caso, as margens celulares espessas se revelam um detalhe importante da construção do favo. Todas as margens celulares compõem uma rede de malhas hexagonais. Essa rede encontra-se sobre as finas paredes celulares e pode ser facilmente deslocada por pequenas distâncias na superfície plana do favo, comparável à uma goleira de futebol quando a rede é "estufada".

Foi possível perceber que tais vibrações podem se propagar como deslocamentos das bordas celulares espessadas sobre o favo inteiro. Do ponto de vista físico, não se trata de ondas longas nem de ondas transversais, mas sim de deformações de alta velocidade. Nesse caso, essa rede transmite como "*comb-wide-web*" em uma faixa estreita de frequência entre 230 e 270 hertz (número de vibrações por segundo). Nessa janela de frequências, as amplitudes de vibração são até intensificadas, não importando se as células estejam vazias ou cheias de mel. Somente o fechamento das células com uma tampa detém a propagação das vibrações. Se uma dançarina estiver sobre uma célula tampada, não é possível medir quaisquer vibrações nem em células vazias na vizinhança de tal região lacrada. No entanto, se uma região lacrada

Figura 7.23 As células dos favos das abelhas que nidificam em cavidades consistem de paredes de cera muito finas, sobre cujas bordas superiores encontram-se saliências de aproximadamente 0,4 mm de espessura, que juntas formam uma rede contínua com malhas hexagonais.

estiver rodeada de células abertas, como uma ilha, as vibrações se propagam ao redor dessa ilha.

O fato de a melhor transmissão da frequência de vibrações ser independente do estado das células (cheia ou vazia) é admirável e torna a estrutura do favo um objeto de estudo interessante para engenheiros. Aparentemente, os favos possuem propriedades estáticas dignas de exemplo (como uma enorme estabilidade com o menor emprego de material), mas também propriedades dinâmicas inesperadas extremamente úteis para algumas tecnologias. A reação da carga mecânica sobre a propagação de sinais e, com isso, sobre a fonte produtora de energia estimulou o desenvolvimento de um sistema de produção de vibrações sobre a base do favo.

A faixa estreita de frequência de 230 a 270 hertz, em que os favos podem transmitir melhor, cobre a gama de frequências de vibrações que a dançarina, sob forma de pulsos curtos, produz na fase do requebrado de sua dança (ver também Capítulo 4). As abelhas, que podem controlar detalhadamente a construção dos seus favos, instalam a sua rede de telefonia de modo que suas próprias frequências de comunicação podem se propagar melhor. As propriedades do material e da arquitetura e o comportamento das abelhas estão perfeitamente coordenados.

Neste contexto, existem três aspectos que merecem exame detalhado:

- Que possibilidades de manipulação estão à disposição das abelhas para a coordenação de sua rede telefônica?
- Nessa rede telefônica das abelhas, são possíveis linhas privadas ou comunicações simultâneas atrapalham-se reciprocamente?
- Como as abelhas lidam com o permanente zumbido ao fundo, proveniente das atividades ruidosas de milhares delas?

Manipulações da rede de telefonia

A temperatura da cera é o fator ambiental que mais afeta a rede de comunicação das abelhas. A resistência mecânica às vibrações decresce com o aumento da temperatura, e torna-se progressivamente mais fácil para as abelhas acionar a rede das margens celulares. No entanto, isso só funciona até mais ou menos 34ºC. O sistema entra em colapso se a temperatura continuar subindo, pois a cera fica tão plástica que é mais provável que se deforme do que transmita vibrações. Após um início frio pela manhã, a temperatura da margem celular sobre a área de dança de uma colônia aumenta até uma faixa ideal nas primeiras horas da atividade de colheita. Por meio de suas capacidades reguladoras, as abelhas ajustam corretamente a temperatura da cera da área de dança.

Se a colônia for colocada em um local com condições climáticas extremas, em que o ninho inteiro fica aquecido, as abelhas podem não conseguir mais controlar a temperatura da colônia. Nessa situação, elas recorrem a uma estratégia que na indústria da construção é conhecida como emprego de aditivo material. Se a temperatura da cera não for mais adequada como determinante das propriedades de vibração das margens celulares, as abelhas misturam própolis (como substância aditiva) à cera dessas margens (Figura 7.24). Nesse caso, as proporções da mistura de cera e própolis e sua distribuição espacial são ajustadas de modo a situar a rede de comunicação sempre na faixa de sintonia correta.

Por amassamento, as abelhas adicionam à cera pequenas tiras de própolis. Disso resultam paredes e margens celulares feitas de uma matriz composta de muitos materiais que é similar à desenvolvida pelos engenheiros civis. Para que uma peça grande de concreto tenha elevada estabilidade e tolerância à tensão, o engenheiro mistura pedaços de metal com cimento pastoso, assim como as abelhas fazem com as partículas de própolis na cera.

Entretanto, não somente as diferenças climáticas exercem influência sobre a construção dos favos. Alguns procedimentos adotados na apicultura interferem na rede de comunicação entre as abelhas. Na prática dos apicultores, os favos são circundados por uma armação

Figura 7.24 As abelhas reforçam com própolis as margens das células que necessitam de sustentação mecânica.

Figura 7.25 Quando o apicultor cerca o favo por todos os lados com uma armação de madeira, o deslocamento horizontal na "*comb-wide-web*" é impedido e a comunicação fica seriamente prejudicada. Nos favos onde ocorrem danças, as abelhas fazem aberturas junto à armação de madeira, tornando novamente possível a propagação dos sinais vibratórios.

de madeira, a fim de torná-los móveis. A armação de madeira que circunda completamente o favo restringe o deslocamento sobre as margens das células, pois não há mais espaço livre para a propagação das vibrações. Esse procedimento não provoca qualquer perturbação nos favos em que as operárias não realizam dança; e estes favos, portanto, permanecem intactos. Todavia, nos favos em que ocorrem danças, as abelhas fazem aberturas entre a cera e a armação de madeira (Figura 7.25). Através dessas aberturas, o funcionamento pleno da rede de transmissão de sinais é reativado.

As linhas privadas da comunicação vibratória

As vibrações mais finas se propagam em todos os cantos do favo, sobre a rede da margem celular. Em danças simultâneas frequentes (Figura 7.26), como é possível que não ocorram perturbações mútuas dos grupos em comunicação?

Esse problema é resolvido simplesmente pelo número de abelhas presentes nos locais. Se as abelhas ficarem dispostas em grupos pouco densos e distantes entre si, os deslocamentos da rede superficial tornam-se amplos. Em locais em que a densidade de abelhas é alta, a carga do favo também é alta, o que tem o mesmo efeito de colocar uma tampa na célula. Com isso, as vibrações são amortecidas e se propagam por apenas poucos centímetros. Desse modo, do ponto de vista da biologia da comunicação, a área de recepção dos sinais da dança e, por consequência, a faixa das

Figura 7.26 Nas épocas de pico das atividades de colheita, diversas abelhas dançam em locais bem próximos, como as quatro aqui marcadas, muitas vezes para fontes de alimento diferentes.

mensagens vibratórias é adequadamente dimensionada.

Sinais fracos sob barulho intenso: a mecânica do favo ajuda

Normalmente, os sinais de comunicação conseguem se destacar das perturbações do entorno. No mundo do som e das vibrações isso significa que os sinais são mais altos e mais fortes que o zumbido que se manifesta ao fundo. Porém, isso não é verdadeiro para os sinais de vibração da dança do requebrado das abelhas. Vários milhares de abelhas ativas sobre o mesmo favo, e ocupando-se das mais diferentes atividades, produzem um constante nível de vibração contínuo e ruidoso, do qual os sinais de comunicação não se destacam. Então, como sinais fracos como esses podem ser percebidos?

Na astronomia, o problema de detecção de sinais mais fracos em meio ao barulho intenso é solucionado pela conexão de antenas bem distantes entre si. Assim, os sinais de diferentes procedências podem ser comparados e é possível reconhecer eventos fracos e regulares oriundos de fontes de rádio muito distantes.

Por meio dos seus pés, cada abelha possui seis pontos separados entre si, os quais mantêm contato com a rede de margens celulares. Desse modo, elas podem comparar as vibrações em todos os seis pés, similar ao princípio utilizado na radioastronomia.

Mediante a comparação das vibrações em diferentes pontos da rede de margens celulares de um favo, é possível reconhecer um padrão não perceptível em um único ponto e que se destaca, apesar do intenso zumbido ao fundo?

De fato, existe algo desse tipo. As vibrações, que se propagam como deslocamentos das margens celulares superiores sobre o favo, formam uma imagem plana e notavelmente regular do movimento da margem celular. No caso mais simples, o estímulo de apenas uma margem celular com vibrações, resulta na seguinte imagem: as margens celulares opostas de uma fileira de células movimentam-se sincronizadamente. As saliências vibram em sentidos contrários em apenas uma célula dessa fileira (Figura 7.27). Uma vez que uma dançarina puxa as margens celulares com as seis pernas, é de se esperar que essa abelha, como emissora de vibrações, tenha em torno de si várias dessas "células pulsantes". Ao receber as vibrações do favo, uma imitadora permanece sobre as margens das células (como a dançarina) e cobre com suas pernas um diâmetro correspondente a até três células (▶ Figura 4.26). Desse modo, ela consegue detectar facilmente no escuro esse padrão vibratório bidimensional, utilizando as células sensíveis a vibrações localizadas em suas pernas. Os resultados de análises comportamentais, obtidas de imagens de vídeo, sustentam essa proposição: acompanhando a imagem de imitadoras que dançaram várias voltas, voltando-se a filmagem até o início da dança, ou antes, é possível definir o local do favo onde a imitadora reconheceu a posição da dançarina. Ao detectar a presença e a direção de uma dançarina ativa, ela vira a sua cabeça na direção

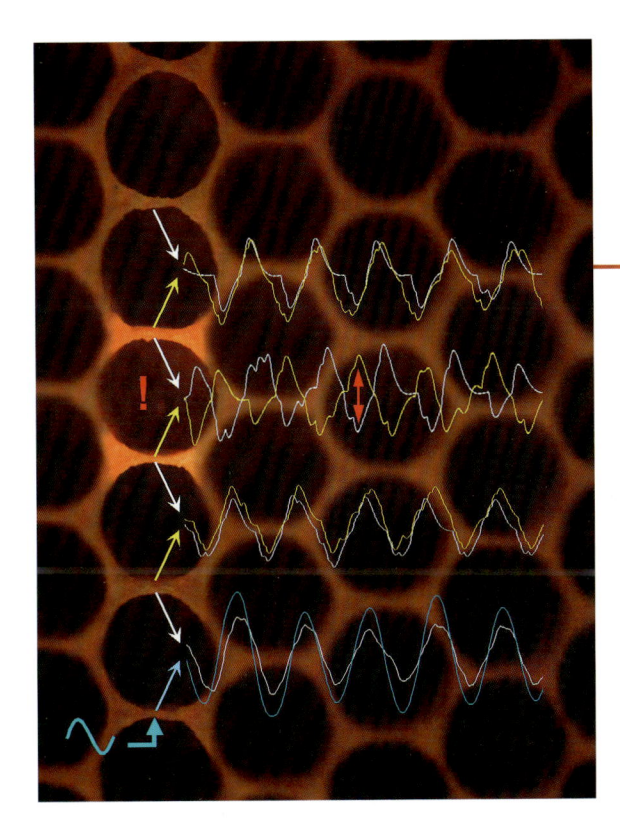

Figura 7.27 As vibrações que se propagam sobre o favo, como deslocamentos horizontais das margens celulares, constituem um padrão bidimensional. Esse padrão é determinado pelas propriedades físicas e geométricas do favo e sinaliza a localização de uma dançarina ativa, mesmo no escuro. Se uma margem celular (seta azul) for estimulada a vibrar, todas as outras margens celulares naquela fileira também vibrarão na mesma direção, exceto uma única célula (sinal de exclamação), cujas paredes vibram na direção oposta. Uma vez que uma dançarina utiliza os seis pés para estimular a vibração das margens celulares, muitas de tais "células pulsantes" podem circundar uma dançarina ativa.

desta (▶ Figura 4.26); em seguida, ela se volta completamente para o lado da dançarina e corre para essa direção até encontrá-la, para participar da dança do requebrado. A sobreposição das "células pulsantes" detectadas por medições físicas com os dados das análises comportamentais, em que foi definido quando a imitadora percebeu a dançarina, resulta em um quadro coincidente. As "células pulsantes" das medições físicas e as posições do "eu percebi uma dançarina", provenientes das observações comportamentais, são concordantes. Essas observações indicam que é muito provável que esse padrão bidimensional de vibrações no favo conduza as abelhas até uma dançarina, mesmo num favo barulhento. As danças que ocorrem sobre substratos rígidos ou sobre os corpos de outras abelhas, como no enxame em cacho (ver Figura 7.32), não atraem para a dançarina as abelhas de muito longe.

O armazenamento da memória química

A cera das abelhas muda sua composição química com o passar do tempo, através da decomposição das longas cadeias de carboidratos e da evaporação dos componentes da cera no ar circundante do ninho. Porém, as enzimas que as abelhas misturam à cera também alteram sua estrutura. Além disso, progressivamente agregam-se "impurezas" (Figura 7.28), oriundas do delgado revestimento e das excreções das larvas na área do ninho, bem como pela importação de pólen e própolis. Desse modo, os favos, inicialmente homogêneos, ao longo do tempo tornam-se "tapetes de retalhos quimicamente coloridos".

Com os órgãos sensoriais localizados nas suas antenas, as abelhas são capazes de reconhecer mesmo as menores diferenças na composição da cera. Para tanto, não há necessidade de contato com a cera, pois o odor dela já é suficiente para o reconhecimento dessas diferenças.

Para as abelhas, a cera é uma substância "com história", cujos rastros de memória fornecem a elas informações que lhes servirão para orientação no ninho escuro. Por isso, as abelhas preferem armazenar o néctar e o pólen em células mais antigas e não nas recém-construídas.

Como em todos os insetos, a superfície do corpo das abelhas é coberta com uma delgada camada de cera para protegê-la da dessecação. Em princípio, essa cera cuticular não se distingue da cera do favo. Isso não é surpreendente, pois as glândulas produtoras de cera têm sua origem em estruturas que uma vez serviram exclusivamente para produzir e eliminar cera cuticular.

A composição da cera sobre a superfície das abelhas não é a mesma para todas elas. Uma herança genética garante que as ceras de abelhas irmãs sejam mais parecidas entre si do que as ceras de meias-irmãs (ou seja, aquelas com a mesma mãe, mas pais diferentes). No entanto, o ambiente em que as abelhas vivem também influencia a composição da cera cuticular, pois a camada de cera sobre a superfície do corpo das abelhas incorpora elementos da cera do favo. Dessa maneira, como uma um identificador, estabelece-se uma marca de odor de cera típica específica para a colmeia, que possibilita que as guardiãs

Figura 7.28 No mesmo ninho é possível encontrar favos com composições químicas muito diferentes, devido à idade (à esquerda, cera antiga; à direita, cera nova) ou pelo acréscimo de substâncias alheias. Na comparação de extremos, isso é facilmente reconhecido pela cor.

na entrada do ninho reconheçam as abelhas estranhas, impedindo o seu ingresso (Figura 7.29).

Contudo, para que não sejam submetidas a esse severo controle, as abelhas estrangeiras adotam uma contramedida. Elas carregam um "suborno", sob forma de uma grande gota de néctar, que é oferecido à guardiã e, com isso, os "documentos falsos" são generosamente ignorados e o acesso à colmeia fica liberado (Figura 7.30).

As abelhas, contudo, não usam somente as características químicas da cera que lhes são ofertadas; elas utilizam

Figura 7.29 Duas abelhas guardiãs em uma típica atitude de "atenção". A vigilância ocorre tanto na terra como no espaço aéreo.

também a cera do favo ativamente como substrato, ao qual elas anexam sinais químicos. Esse é o caso da sinalização das superfícies de dança, sobre as quais as dançarinas estão ativas.

As trocas de mensagens, através da dança, a respeito de fontes de alimento abrange uma área de 10 por 10 cm, em uma colmeia com uma área total de 5 m^2 de favo. Nessa superfície de dança, encontram-se dançarinas e coletoras motivadas, para aprenderem sobre as localizações de fontes de alimento no campo. É possível retirar do favo essa superfície de dança e transferi-la para outro local, preenchendo as lacunas que surgirem no local com outro pedaço de favo. Para isso, a superfície de dança deve possuir uma marcação química anexada a ela. Após essa manipulação, as primeiras coletoras de volta à colmeia vão diretamente ao local onde dançaram por último, antes da última saída. Contudo, dessa vez elas não dançam nesse local, mas sim revisam o favo à procura da superfície de dança transferida. Uma vez encontrada essa superfície, as abelhas imediatamente começam a dançar. Ao retornarem da saída seguinte, elas buscam diretamente a nova localização da superfície de dança. Entretanto, se no dia seguinte ocorrer uma nova rodada de coleta, elas voltam a dançar sobre a superfície de dança original.

Figura 7.30 Uma abelha dominada (à esquerda) oferece à guardiã (à direita) uma gota de néctar, como "tentativa de suborno" para ter acesso ao ninho.

Figura 7.31 A própolis é depositada em diferentes locais do ninho.

Essas observações indicam que a superfície de dança contém uma marcação química que se desvanece pelo desuso durante a noite, sendo novamente implantada no dia seguinte. Os detalhes químicos dessa marcação são desconhecidos.

Espaço limpo

Poucos organismos têm uma convivência duradoura em contato tão próximo como as abelhas. Essa situação implica em consideráveis riscos para a saúde do superorganismo. Uma forte pressão de seleção, para impedir a expansão de infecções, levou a soluções altamente eficazes e específicas de abelhas, visando a prevenção e o tratamento de moléstias. Nesses sentido, o favo possui considerável importância como um primeiro combatente a patógenos. A delgada camada de própolis, com a qual as paredes das células do ninho são cuidadosamente cobertas, também assume nesse caso uma grande importância. A própolis tem uma ação antibacteriana e antifúngica e, com isso, impede ou reduz o risco de infecções por esses organismos. As abelhas fazem grandes reservas de própolis no interior do ninho (Figura 7.31), às quais podem recorrer em caso de necessidade.

Animais maiores, como camundongos ou musaranhos, caso invadam o ninho e lá sejam mortos por picadas, não podem mais ser retirados pelas abelhas. Eles representam uma extrema ameaça à saúde da colmeia. As abelhas solucionam o problema revestindo completamente a carcaça do animal com própolis. Assim, esses animais mumificados permanecem no local, não sendo mais uma ameaça infecciosa à colmeia. Esse comportamento das abelhas inspirou os antigos egípcios a desenvolver os primeiros métodos de conservação dos seus mortos. As abelhas foram as primeiras a exercer a prática da mumificação.

A cavidade do ninho

Embora possam organizar o interior do seu ninho, as abelhas não são capazes de construir a cavidade que fornece proteção à colônia. Nesse caso, elas ficam sujeitas ao que o ambiente oferece. Nas latitudes temperadas, as árvores ocas costumam ser bons abrigos. Fendas em rochas também são usadas. Em áreas de cultivo, sem árvores ocas, as abelhas estão completamente sujeitas aos abrigos artificiais feitos pelo homem, pois, de outro modo, elas não sobrevivem ao inverno ou mesmo a tempestades de verão.

Quando um enxame deixa o velho ninho, é preciso agir rápido. As reservas, sob forma de bolsas de mel cheias, são limitadas e uma tempestade pode prejudicar gravemente uma colônia desprotegida pendente em uma árvore. Assim, até 200 ou 300 abelhas "exploradoras" vasculham a região em busca de cavidades para nidificação. As exploradoras bem-sucedidas retornam ao enxame e lá, utilizando os corpos das abelhas como superfície, realizam a dança de requebrado (Figura 7.32), em que, como nas indicações dos locais de alimento, são codificadas a direção e a distância da descoberta.

Essa mensagem alcança apenas as poucas abelhas que estão bem perto da dançarina, pois os corpos das abelhas não propagam as vibrações, não atraindo, com isso, imitadoras. Temos aqui uma situação incomum, em que, diferentemente do recrutamento para a fonte de alimento, a colônia inteira precisa receber a mensagem, mas esta é recebida apenas por muito poucas imitadoras.

Inicialmente, são indicados nas danças tantos diferentes locais com potencialidade para nidificação quantos forem descobertos pelas abelhas exploradoras; em geral, são vinte ou mais novos endereços possíveis.

Como esse debate sobre locais de nidificação deve ser resolvido? Pode haver apenas um endereço, pois só existe uma rainha. Qual local a colônia escolherá?

Figura 7.32 Uma abelha exploradora (identificada com um ponto branco) encontrou uma cavidade apropriada para nidificação e realiza uma dança de requebrado sobre os corpos de outras abelhas no enxame. Diferentemente de favos com superfícies de dança de boa vibração, aqui são ativadas pouquíssimas imitadoras.

O fenômeno das abelhas

As abelhas que encontraram as cavidades menos interessantes e com maior grau de dificuldade de acesso gradativamente se tornam silenciosas. Ao final, as danças indicam somente o melhor local. As abelhas que inicialmente promoviam suas próprias descobertas (aparentemente menos atrativas) também vão se juntam às outras.

As seguintes propriedades da nova cavidade são consideradas para a decisão:

- A distância da antiga moradia (nem tão perto, nem tão distante)
- O tamanho da nova cavidade (não tão grande, mas com espaço para expansão nos próximos anos)
- A altura acima da superfície do solo (não tão próximo do solo)
- A natureza da entrada (nem tão pequena, para permitir boa atividade de voo; nem tão grande, para ser facilmente protegida)
- A umidade no seu interior
- A orientação solar da entrada (preferencialmente para o norte, para aproveitar o calor do sol da primavera)*
- A existência de antigos favos de moradores anteriores

Após a descoberta de uma cavidade, os aspectos que determinarão sua atratividade são testados pelas abelhas exploradoras, através voos lentos no seu entorno e investigação intensa do seu interior. Com isso, em seu exame das paredes internas da cavidade, as abelhas percorrem trechos de 50 metros e mais de retorno. Nenhum canto é ignorado; o estado das paredes e o volume da cavidade são estimados.

A mudança das 20.000 abelhas em um enxame para esse ponto específico na paisagem não é um fato simples (Figura 7.33). Uma série de diferentes mecanismos de comunicação garante seu sucesso. Um grupo de abelhas relativamente pequeno e de crescimento lento é recrutado para o novo local pela abelha que o descobriu e conhece sua situação. Em caso mais favorável, elas talvez correspondam a 5% de todo o enxame. Essas abelhas frequentemente fazem voos de ida e volta entre o enxame e a cavidade do ninho, e sempre tornam a dançar sobre o enxame. As abelhas agora permanecem na entrada da cavidade, circulam ao redor dela em voos de zumbido característicos e a marcam com o feromônio das glândulas de Nasanov em seu abdome. Esse comportamento delas assemelha-se ao das abelhas coletoras experientes, que o usam para atrair as novatas aos locais de alimento (▶ Capítulo 4).

Uma vez que a superfície de dança formada por corpos de abelhas não propaga vibrações e, assim, atrai poucas seguidoras, isso gera um desequilíbrio entre as poucas dançarinas e milhares de destinatárias. É praticamente certo que a maioria das abelhas, sobretudo aquelas no interior do enxame, desconhece a existência de danças sobre a superfí-

---

* N. de R. T. O autor se refere às condições no hemisfério norte.

Figura 7.33 Nesta árvore, as abelhas exploradoras encontraram um local ideal para o estabelecimento de um novo ninho.

O fenômeno das abelhas 209

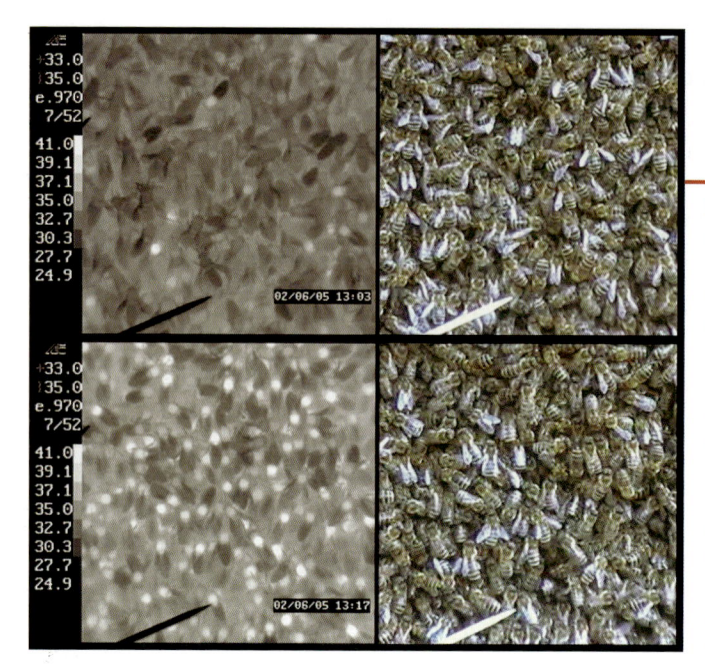

Figura 7.34 Imagens termográficas (à esquerda) e fotografias convencionais (à direita) de um enxame 15 minutos (acima) e um minuto antes da sua explosão. A fotografia convencional não mostra diferença entre as duas exposições, mas a imagem termográfica mostra o aquecimento de todas as abelhas estimuladas pelo som. A temperatura corporal das abelhas pode ser acompanhada na escala à esquerda. Os indicadores na imagem servem para identificar abelhas individuais.

cie. Portanto, como se coloca o enxame, com todas as operárias e a rainha, no caminho correto?

Progressivamente, todas as dançarinas param suas danças e avançam para o interior do enxame. Lá, elas combatem por complexos caminhos tridimensionais através da massa de corpos, "piando" para maior número possível de irmãs. Com sua musculatura de voo, elas produzem um tom elevado de "pio", que é transmitido diretamente como vibração para todas as abelhas afetadas. Cada abelha atingida pelo "pio" começa, em seguida, a elevar sua temperatura corporal. Assim, dentro de uns dez minutos, o enxame começa gradativamente a "arder" (Figura 7.34).

Uma vez alcançada uma temperatura de cerca de 35°C, o enxame inteiro literalmente explode e todas as abelhas são projetadas ao mesmo tempo para o ar. Então, forma-se no ar uma grande bola ruidosa, de vários metros de diâmetro e composta de abelhas em voo lento, através da qual voam rapidamente abelhas indicadoras do caminho. Essas abelhas, que conhecem o objetivo e conduzem o enxame no caminho certo, voam rapidamente em linha reta através da nuvem de abelhas, para frente e para trás, sempre no eixo entre o local de partida e a nova casa. A bola de abelhas lentamente adquire a forma de um charuto grosso e inicia a viagem em direção ao novo objetivo, guiada pelas barulhentas conhecedoras do novo endereço. Antes disso, as abelhas exploradoras marcam quimicamente a entrada da cavidade para as novatas, por meio do odor oriundo da glândula de Nasanov no seu abdome.

Tendo chegado ao novo ninho, imediatamente o enxame começa a produzir cera. Onde houver necessidade, as paredes internas da cavidade são alisadas, retirando-se as lascas de madeira salientes com as peças bucais. Onde isso não for possível, as paredes são cobertas com própolis. Os locais do ninho que permitem corrente de ar também são lacrados com própolis. Após todo esse procedimento, os novos favos são construídos.

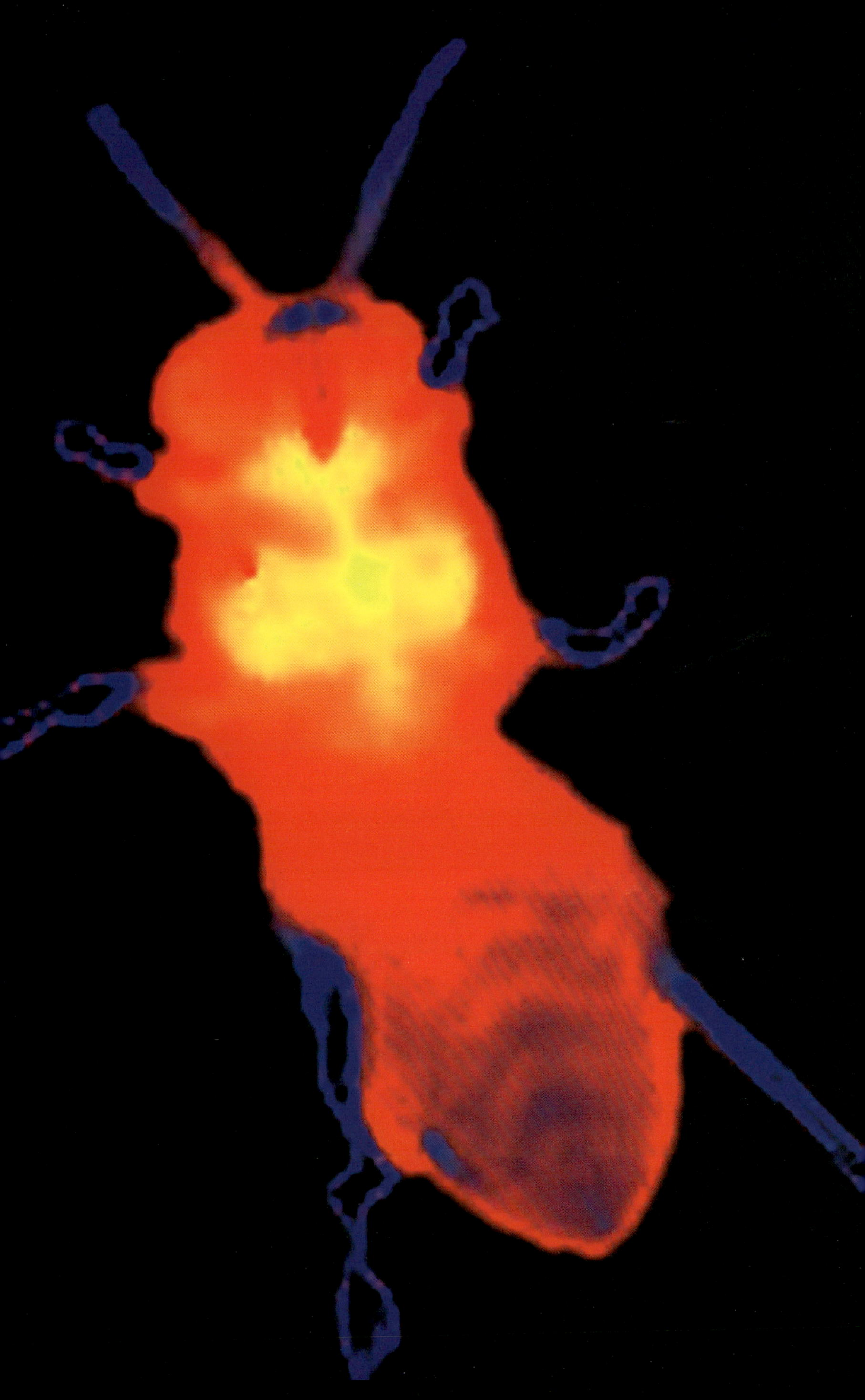

8

Inteligência planejada

A temperatura do ninho é um fator de controle no ambiente criado pelas abelhas, com a qual elas influenciam características de suas futuras irmãs.

Os organismos estão sujeitos a influências ocasionais do seu ambiente. Os anfíbios sofrem com a seca, as aves com a falta de alimento, as borboletas com o frio. A liberdade proporciona que a maioria dos animais evitem as condições desfavoráveis e busquem meios para superá-las: os anfíbios se enterram no solo, as aves trocam de habitat (em casos extremos, como aves migratórias, mudam até de continente), as borboletas procuram locais ensolarados. O meio oferece as possibilidades, e os animais escolhem as soluções mais favoráveis. Quando a escolha não funciona, a seleção assegura a sobrevivência das espécies que encontraram uma solução apropriada ou determina o desaparecimento daquelas com solução inapropriada.

O ambiente, contudo, não é de fato uma entidade os organismos se servem ou são desagradavelmente "servidos". O ambiente também é construído. As minhocas formam o substrato no qual vivem, por meio das atividades de forrageio no solo e de revolvimento deste. As copas das árvores, através de um jogo de sombras das suas folhagens, criam o ambiente luminoso para as folhas que nascem abaixo delas. Os animais aquáticos, através de suas secreções, influenciam o nível de acidez de pequenos lagos. Se os fatores ambientais afetados não forem neutros, tais ações no meio são seguidas de reações que, por sua vez, agem sobre os organismos envolvidos. Tais reações muitas vezes são negativas, o que é facilmente perceptível quando um pequeno corpo de água torna-se muito acidificado pelos animais que nele vivem, podendo matá-los.

O que aconteceria, porém, se os seres vivos pudessem manipular o ambiente para seu proveito, incorporando, portanto, os efeitos positivos manipulados? Isso não traria uma condições nova à relação "ambiente, organismos e adaptação"?

O que aconteceria se o ambiente moldado pelos organismos, por sua vez, determinasse ou influenciasse as características destes organismos? Não resultaria, então, em um sistema no qual a distinção entre causa e efeito e, principalmente, os limites do modelo clássico "ambiente-organismo" seriam tênues?

Visto em um período evolutivo, um ambiente – ativamente moldado por organismos que nele vivem e que incorporou as características destes – se fundiria com os genes desses organismos, resultando em uma unidade que se desenvolve em conjunto.

Em todo o caso, tais organismos teriam se libertado da submissão a um meio ao qual eles precisam se adaptar, a fim de sobreviverem e se reproduzirem.

Os seres humanos trilharam um caminho para se tornarem independentes do ambiente estabelecido – e as abelhas fizeram o mesmo. No caso destas, talvez os passos tenham sido mais profundos do que os dos humanos. No nosso caso, a climatização é determinada pelas possibilidades de construção e depende do ambiente natural encontrado. Na verdade, não está claro se, com a climatização dos locais de moradia e de trabalho, criamos uma "situação de bem-estar", que simplesmente vem ao encontro das necessidades existentes, ou se nós mesmos mudamos a curto ou longo prazo através do ambiente controlado.

As abelhas coloniais, nos 30 milhões de anos de sua evolução, nos mostraram que elas moldam o ambiente segundo o seu interesse.

As relações altamente complexas e com múltiplas interações entre as abelhas e seu próprio meio construído aos poucos começam a ser compreendidas. Neste sentido, as mais recentes descobertas indicam que a temperatura do ninho, acima de tudo, tem grande importância para toda a biologia das abelhas.

Abelhas muito quentes e pupas quentes

O ninho de crias (Figura 8.1) é uma parte extremamente importante e sensível do mundo vivo das abelhas, e é controlado com espantosa precisão. Com isso, exclusivamente a área do ninho com células tampadas contendo pupas apresenta temperatura controlada de maneira mais exata.

Há tempo, os apicultores, simplesmente pelo contato com a mão, já distinguem o desenvolvimento da temperatura no ninho das abelhas. Por muito tempo,

Figura 8.1 O ninho é o setor do favo em que cada novo membro da colônia é cuidado individualmente por uma abelha tutora durante seu desenvolvimento, desde larva, passando por pupa até abelha adulta.

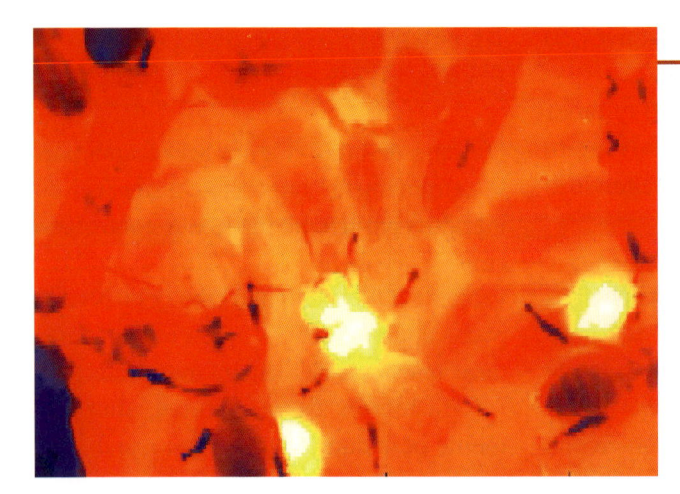

Figura 8.2 A distribuição da temperatura no corpo de uma abelha aquecedora torna-se visível em uma imagem termográfica. Na coloração artificial da imagem, o azul e o vermelho indicam temperaturas baixa e alta, respectivamente. Um refinado emprego do "princípio de contracorrente" no sistema circulatório impede a propagação passiva do calor no abdome da abelha. O calor fica limitado ao tórax, onde é gerado por vibração da forte musculatura de voo.

acreditou-se que a cria produzia a alta temperatura local e que as abelhas adultas lá permaneciam para se aquecerem. Essa teoria, comprovadamente equivocada, foi substituída por informações muito mais interessantes sobre o clima do ninho das abelhas e no seu significado biológico. O uso de câmeras sensíveis ao calor em especial, associado a observações pacientes do comportamento e cuidadosas manipulações de abelhas e de colônias, proporcionou interpretações completamente novas, cujas consequências ainda estão longe de ser descobertas.

Os animais são capazes de gerar calor, à medida que metabolizam substâncias ricas em energia, como gorduras e carboidratos, ou por meio de contração muscular, como o nosso conhecido "bater de dentes". As abelhas se aquecem pela vibração dos músculos de voo. No Capítulo 4, vimos que os músculos são usados não apenas para voar, mas também para produzir pulsos vibratórios na comunicação da dança do requebrado. Para a geração de calor, são produzidas vibrações mais fracas. As abelhas aumentam o movimento de energia desses fortes músculos, enquanto alcançam aceleração máxima, mediante um emprego refinado dos menores músculos de direção junto às asas abertas; pela contração e relaxamento desses músculos, elas aumentam sua taxa metabólica. Esses músculos trabalham antagonicamente em perfeita sincronia e disso resultam vibrações, que são mais fracas do que as produzidas pelas dançarinas. O resultado desse tremor de aquecimento pode ser visto na imagem de uma câmera termossensível (Figura 8.2).

Uma série de insetos, incluindo as abelhas, desenvolveu a capacidade de aquecer sua musculatura por meio das contrações, a fim de prepará-la para o voo. Presume-se que os antepassados evolutivos das abelhas, que tinham vida solitária, presumivelmente já possuíam essa capacidade e uma possível maneira de controlar a temperatura do ninho. Essa herança foi uma das mais importantes exigências fisiológicas para o desenvolvimento da atual forma de vida das abelhas.

É possível captar imagens fotográficas semelhantes de muitos insetos se preparando para o voo. As mariposas, por exemplo, aquecem a sua musculatura de voo antes de sair para o ar fresco da noite. A mesma elevação da temperatura da musculatura de voo se percebe nas abelhas que se preparam para voar. Esta é, certamente, a função original de uma capacidade com a qual as abelhas realizam trabalhos incríveis.

Uma imagem termográfica de um favo de cria revela algumas abelhas "quentes" com a parte torácica altamente aquecida, claramente definidas sobre a região do ninho com células tampadas (Figura 8.3).

Essas abelhas repassam seu calor às pupas contidas em células com tampas (opérculos). Para poderem atuar de maneira efetiva, elas pressionam o tórax sobre a tampa da célula subjacente. Assim, elas situam-se nitidamente meio-corpo abaixo das outras abelhas (que não estão aquecendo) sobre o favo (Figura 8.4). Elas permanecem nessa posição, completamente imóveis, por até 30 minutos, dando a impressão de estarem mortas. Nem mesmo o ápice da antena se move; ele é mantido em contato permanente com o opérculo da célula na frente da abelha. Como os ápices das antenas possuem a maior concentração de células termossensíveis, deduz-se que essas abelhas aquecedoras medem sem interrupção a temperatura das tampas de cera das células das pupas.

Não há como considerar que essas abelhas estão descansando, dormindo ou mesmo mortas. Elas são tão ativas como só

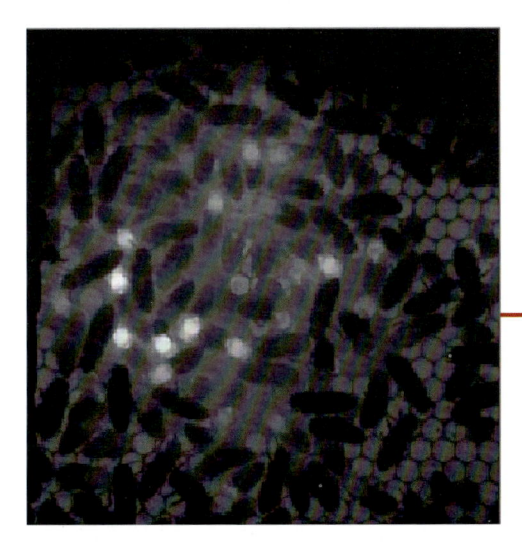

Figura 8.3 Nesta imagem termográfica, em que os tórax aquecidos aparecem em branco, chama a atenção que as "abelhas quentes" estão concentradas sobre a área coberta do ninho de cria. Na área sem cobertura (sem tampa) em torno do favo, em que as bordas das células são nitidamente reconhecíveis, não há abelhas aquecedoras.

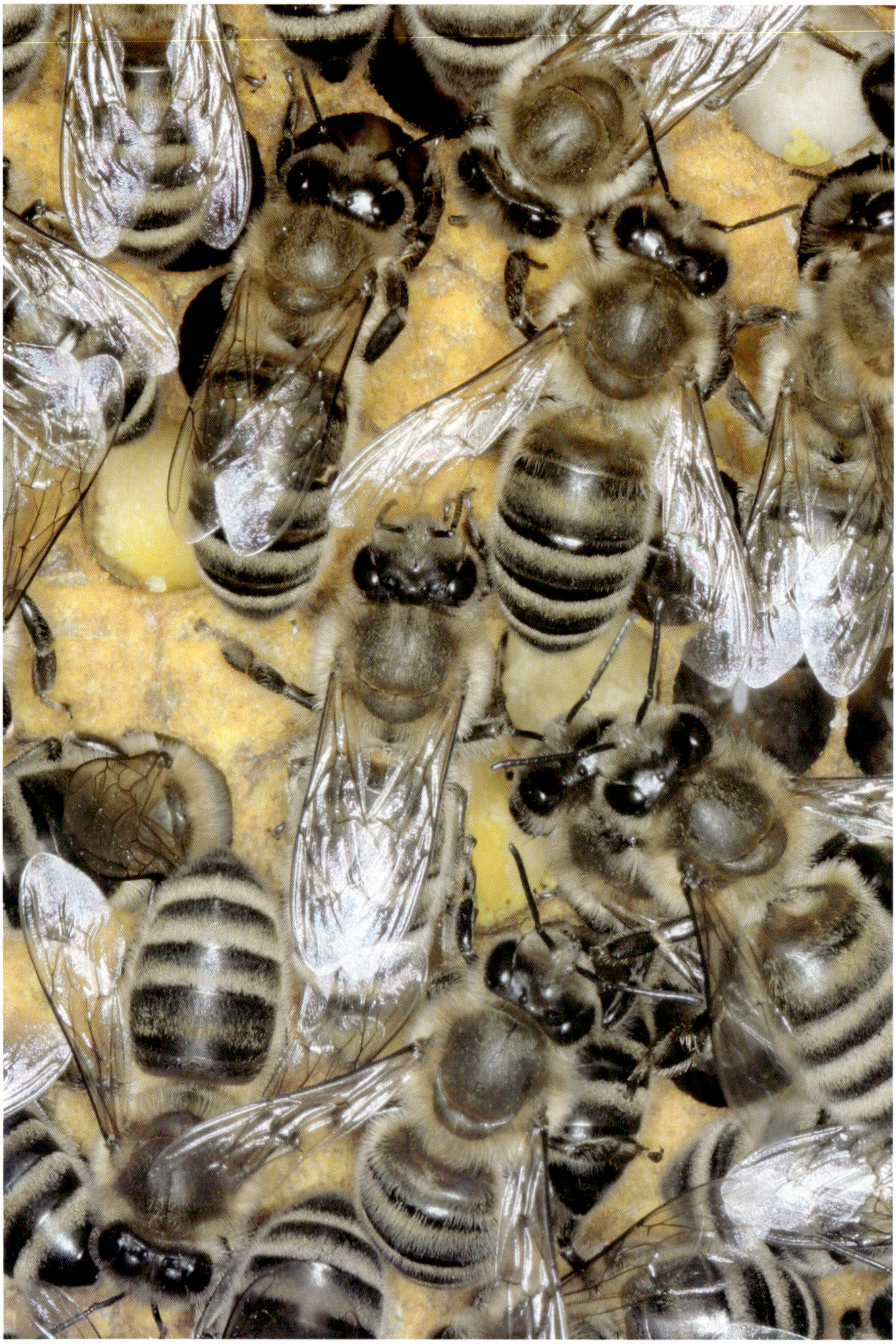

O fenômeno das abelhas | 219

Figura 8.4 Uma abelha aquecedora em postura típica pode ser vista no centro da imagem. Ela mantém as asas bem fechadas e os ápices das antenas em contato permanente com a tampa da célula, a qual ela pressiona firmemente. Ela pode permanecer nessa posição, totalmente imóvel, por até 30 minutos, enquanto ao seu redor a "vida pulsa".

as abelhas podem ser. Somente o exaustivo ato de voar pode ser comparado à atividade energética de uma abelha aquecedora.

Após no máximo 30 minutos e um trabalho de aquecimento correspondente a uma temperatura corporal de até 43ºC ou mais, os animais ficam exaustos e interrompem essa atividade. Após a abelha ter concluído o aquecimento e saído do local, a tampa da célula com pupa permanece aquecida por algum tempo (Figura 8.5).

Com essa estratégia de aquecimento, uma abelha consegue aquecer uma única tampa da célula com pupa, por vez, pois esta tem o mesmo tamanho do tórax do animal.

Ao observar esse sistema de transferência de calor do tórax da abelha quente para a tampa de uma célula, um engenheiro especialista em calefação faria algumas considerações sobre sua eficiência. A abelha quente emite calor para todos os lados, não somente para a pupa abaixo, que deve ser aquecida. Esse método de aquecimento é deficiente, pois a abelha perde mais calor para o entorno do que pode transferir para a célula-alvo subjacente a ela.

Uma observação minuciosa de todas as abelhas na área das células tampadas com crias exibe o esforço que elas fazem para manter as perdas de calor baixas (Figura 8.6, 8.7). As abelhas não aquecedoras, ao se posicionarem bem próximas entre si, desempenham um papel importante

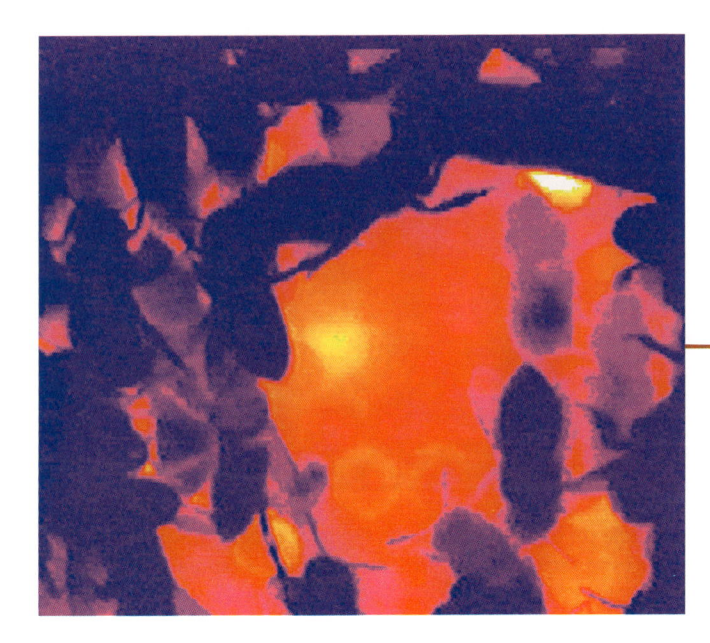

Figura 8.5 A pressão, que por algum tempo o tórax de uma abelha aquecedora exerce sobre a tampa de uma célula, fica registrada em uma imagem termográfica como uma "área de tensão" (*hot stop*), aqui vista como mancha amarela de posição central.

Figura 8.6 A grande massa das abelhas localiza-se na região das células tampadas com crias. As abelhas aquecedoras, com seus corpos fazendo pressão sobre o favo (aqui estão marcadas quatro abelhas aquecedoras; ver também 8.7), ficam em grande parte escondidas sob as abelhas não-aquecedoras. Os corpos das abelhas não-aquecedoras formam um isolante térmico muito efetivo e, desse modo, ajudam a manter o calor sobre as crias.

Figura 8.7 Imagem ampliada da região marcada na Figura 8.6, com quatro abelhas aquecedoras que pressionam seu tórax firmemente sobre a tampa da célula e, assim, transferem calor.

para o isolamento térmico, pois reduzem a perda de calor para fora.

A "caixinha de surpresas sobre aquecimento" das abelhas, no entanto, ainda está longe de ser esgotada. Ao examinar outras estratégias das abelhas para aquecer suas pupas, constatam-se métodos ainda mais efetivos, cuja engenhosidade causa admiração.

A incubadora da colônia

As abelhas iniciam o estabelecimento da área de crias sempre no centro dos favos. Com o tempo, essa área é expandida para todos os lados, à medida que a rainha continua a postura de ovos. Para que a descendência possa se tornar pupa em momento oportuno sem ser perturbada, as células são tampadas somente no último estágio larval. Sobre grandes superfícies, entretanto, as áreas das células tampadas com crias nunca estão totalmente fechadas. Mesmo nas mais completas áreas de crias de colônias saudáveis podem ser encontradas células vazias esparsas, que perfazem 5 a 10% do total de células. Contudo, em colônias saudáveis essa porcentagem varia de acordo com o clima externo.

Tais células sem uso são encontradas em todos os estágios de desenvolvimento do ninho de crias (Figura 8.10). Uma área de células vazias superior a 20% geralmente resulta de um estado atípico da colônia, como o aparecimento de um número elevado de larvas de zangões diploides, que são retiradas do ninho pelas operárias.

Células vazias podem ser encontradas mesmo após uma rainha ter estabelecido recentemente uma área de ninho de crias (Figura 8.8), e consequentemente também após a eclosão das larvas (Figura 8.9). Do ponto de vista funcional, isso é interes-

Figura 8.8 A rainha não põe ovos em todas as células. Na região de postura da rainha encontram-se células vazias esparsas.

Figura 8.9 As células vazias se tornam bem nítidas quando as larvas eclodem e começam a se desenvolver.

Figura 8.10 Em geral, a área de crias tampada contém 5 a 10% de células vazias, uma quantidade considerada ideal para a atividade de aquecimento das pupas.

sante, quando se percebe que essas células aparentemente vazias, na realidade, são muitas vezes ocupadas por abelhas, que ficam enfiadas de ponta-cabeça dentro delas (Figura 8.11).

Esse comportamento foi inicialmente classificado como "limpeza de célula" ou "em repouso", porque, sem auxílios técnicos, era impossível reconhecer o que as abelhas faziam dentro dessas células.

De fora, observa-se apenas a ponta do abdome dessas abelhas. A observação da sua parte traseira permite distinguir facilmente dois estados: ela se move rapidamente em vai e vem, de maneira telescópica, ou ela apresenta períodos curtos de atividades interrompidos por períodos longos de imobilidade total. O primeiro estado é bastante frequente na área de crias, ao passo que o segundo é bem menos comum. Para saber o que essas abelhas fazem nas células e se as atividades são diferentes, é necessário abrir estas células com cuidado pelas laterais. Dentro das células, constata-se que as abelhas estão fixas, com as pernas para trás. Como pupas dentro das células, elas ficaram com a cabeça para fora; agora a cabeça está voltada pra dentro. Desconsiderando os movimentos de bombeamento do abdome, visto de fora as abelhas parecem estar completamente em repouso. Contudo, uma termocâmera direcionada para essas abelhas mostra

Figura 8.11 Três operárias estão enfiadas de ponta-cabeça em células vazias do ninho, na área de crias tampada.

uma grande diferença de temperatura entre os animais localizados nas células vazias (Figura 8.12).

As abelhas com bombeamento forte atingem uma média de temperatura torácica de até 43°C, ao passo que nas abelhas em repouso a temperatura é a mesma do ambiente. A antiga interpretação de "abelhas em repouso" é verdadeira para uma pequena parte dessas habitantes de células. Todas as demais abelhas, no entanto, estão aquecendo. A simples observação desse comportamento já permite supor que essa segunda estratégia de aquecimento é muito mais efetiva na transferência de energia do que a ação de pressionar sobre a superfície da tampa da célula.

Medições das temperaturas corporais de abelhas aquecedoras, antes que elas entrem nas células, mostram que apenas aquelas com temperaturas elevadas introduzem-se em células vazias; essas abelhas se preparam antes de ingressarem nas células. Inicialmente, elas têm a mesma temperatura do ar da colmeia. Enquanto dão voltas sobre o favo, elas elevam sua temperatura torácica e só se dirigem às células quando estão suficientemente aquecidas. Após um período de 3 a 30 minutos, essas abelhas com os corpos esfriados deixam as células. O esforço de manutenção contínua da temperatura corporal em níveis elevados exige um enorme custo de energia. Após no máximo 30 minutos, todas as reservas das abelhas estão esgotadas.

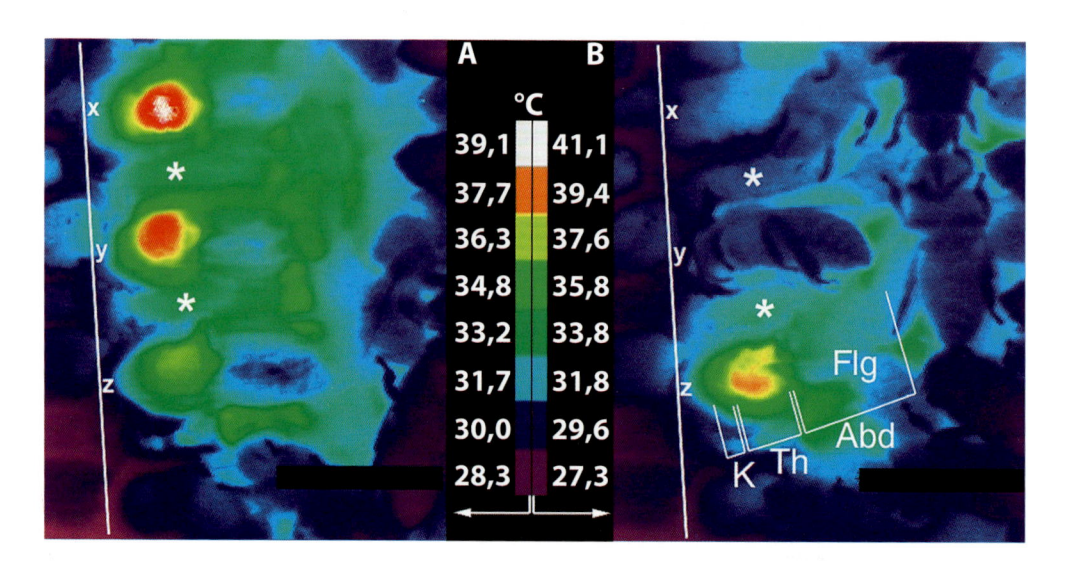

Figura 8.12 Imagem termográfica de uma área de crias tampada, aberta ao longo do comprimento das células. Quatro aquecedoras com temperaturas corporais diferentes e uma abelha em repouso com temperatura ambiente (azul; y no grupo da direita) preenchem células próximas entre si. X, y e z marcam as bases das seis células em que as abelhas estão localizadas. Os asteriscos indicam a posição de quatro pupas. Abd = abdome, A = asa, C = cabeça, T = tórax ou região peitoral das abelhas. As barras (escalas) mostram a aferição da temperatura da imagem termográfica.

Uma abelha aquecedora, no entanto, não mantém o desempenho de aquecimento máximo durante todo o período de permanência na célula vazia. Sempre podem estar intercaladas fases de até cinco minutos, nas quais as abelhas permitem que a temperatura corporal caia em até cinco 5°C, para em seguida elevá-la ao desempenho de aquecimento total. Essa "queda de temperatura" é esperada em um sistema controlado que precisa ser mantido em um determinado nível. O aquecimento é diminuído se a temperatura desejada for excedida, e é novamente elevado se a temperatura cair muito. Esse comportamento está inserido no controle da fisiologia social da "climatização do ninho de crias" (▶ Capítulo 10).

As abelhas que estão ativas como aquecedoras – diferentemente de muitas outras atividades na vida de uma abelha – não pertencem a qualquer classe etária em especial. As abelhas mais jovens que se dedicam ao aquecimento têm 3 dias de idade e as mais velhas têm 27 dias de idade.

"Beijos doces" para "abelhas aquecidas"

As abelhas obtêm do mel a energia para o alto desempenho no aquecimento. Uma colônia com grande produção pode produzir até 300 kg de mel durante o verão. Apenas uma pequena parte dessa produção pode ser encontrada em qualquer momento no ninho, pois a remoção de mel é enorme. Em primeira instância, o mel não é usado como alimento no sentido clássico, ou seja, para a manutenção das funções vitais das abelhas; ele é empregado principalmente para aquecer o ninho de crias no verão e para manter as abelhas agrupadas e aquecidas na colmeia durante inverno. Portanto, as grandes reservas de mel da colônia não são alimento no sentido habitual, mas sim servem preferencialmente como combustível. Em relação a isso, alguns dados relevantes:

- O conteúdo de energia de um papo cheio de mel de uma coletora perfaz 500 J (joule).
- O consumo energético de uma coletora perfaz aproximadamente 6,5 J por quilômetro voado. Para um voo médio, portanto, ela necessita de 10 J. Logo, ela traz de volta para o ninho 50 vezes mais energia do que a consumida em um voo.
- Ao longo de sua vida, uma coletora traz 50 kJ para o ninho.
- A força coletora de uma colônia, envolvendo mais de 100.000 indivíduos durante um verão, empreende vários milhões de voos de coleta e transporta cerca de 3 a 4 milhões de kJ de energia para o ninho.
- O açúcar de 1 mg de mel contém 12 J de energia química. Portanto, a queima de 1 kg de mel produz 12.000 kJ.
- Uma abelha consome 65 mJ por segundo, a fim de atingir o desempenho de aquecimento necessário para que a temperatura de seu tórax alcance e mantenha 40°C, em um ambiente de verão.
- Após um período máximo de aquecimento de 30 min, uma abelha aquecedora queimou 120 J, que ela reti-

Jürgen Tautz

rou principalmente do açúcar da sua hemolinfa.
- Durante todo o período de cria, as abelhas aquecedoras queimam aproximadamente 2 milhões de kJ, o que representa mais de dois terços da energia total consumida no verão.
- A energia calorífica para o controle da temperatura do ninho de crias equivale ao desempenho contínuo de 20 W (watt). Se pudessem canalizar essa energia para uma lâmpada, as abelhas conseguiriam iluminar bem seu ninho.
- Da mesma maneira, são queimados 2 milhões de J para aquecer o grupo de abelhas no ninho durante o inverno. O quinto restante da energia acumulada pelas abelhas no verão serve como fonte para todas as outras atividades.

As reservas de mel encontram-se, em geral, na borda de um favo, o mais distante possível do ninho de crias aquecido. As abelhas "postos de combustível" estão continuamente ativas, para minimizar a interrupção da tarefa de aquecimento, principalmente em dias mais frios, e para poupar de longas distâncias as abelhas aquecedoras ao abastecer. Esse grupo de abelhas procura deliberadamente por "abelhas aquecidas" e dá a elas "beijos doces". A transferência direta de néctar ou de mel da boca de uma abelha para a boca de outra é denominada trofalaxia (Figura 8.13).

Na completa escuridão, as abelhas "carros-tanques" precisam encontrar as abelhas aquecedoras energeticamente exauridas, com algum calor corporal residual. As células altamente termossensíveis, localizadas nas suas antenas, orientam as abelhas na sua busca. Um mel altamente concentrado, com conteúdo energético máximo, é transferido entre os membros dessas duplas, e não mel "imaturo", do qual uma quantidade considerável flui entre outras abelhas do favo.

As abelhas "carros-tanques" abastecem-se em células de mel abertas ou já tampadas, cuja tampa de cera elas primeiramente precisam retirar (Figura 8.14), para então irem à procura de abelhas que necessitam de energia. Esse comportamento cresce com o aumento da temperatura do ar no ninho de crias. Biologicamente, isso faz sentido, pois em geral a elevada temperatura na área de crias resulta da atividade de muitas abelhas aquecedoras, as quais, após a conclusão da tarefa, estão energeticamente famintas.

Na área de crias, no entanto, está presente também uma certa provisão para autoabastecimento. Com frequência, células vazias tampadas na área de crias são usadas como depósitos e preenchidas de néctar (Figura 8.15), só para logo após serem novamente esvaziadas. Essas células servem como reservas locais para as abelhas energeticamente famintas, mas não oferecem as "injeções de energia" de alta qualidade proporcionada pelo mel maduro que é transferido de boca em boca.

Figura 8.13 Por trofalaxia, uma abelha doadora (abaixo) fornece a uma abelha aquecedora exaurida (acima) uma "injeção de energia" de mel de alta qualidade.

Jürgen Tautz

Figura 8.15 Depósitos preenchidos de néctar no ninho de crias.

A combinação correta de células vazias, células-depósito preenchidas e abelhas "carros-tanques" é uma consequência da temperatura do ambiente. Se essa temperatura se mantiver baixa por um período longo, muitas células vazias são introduzidas; se ela estiver alta por pouco tempo, as células vazias são usadas não apenas para aquecer, mas também como depósitos de néctar (Figura 8.16).

As abelhas que não atuam ativamente como aquecedoras compõem, no entanto, uma camada viva sobre os favos de crias, contribuindo para a regulação da temperatura, uma vez que constituem um isolamento passivo. Um isolamento desses pode dar uma contribuição tanto na redução de perdas de calor de dentro quanto contra o superaquecimento de fora.

As abelhas não apenas aquecem o ambiente, mas também o resfriam, a fim de manter a temperatura ideal para as pupas. Na Europa Central, o resfriamento é nitidamente menos necessário que o aquecimento, embora uma breve onda de calor já possa causar um dano grave à sensível prole.

O método usado para resfriar o ambiente é o mesmo empregado pelo homem para o seu condicionador de ar: é produzido resfriamento por evaporação.

Em dias quentes, as operárias especializadas coletam água preferencialmente do subsolo úmido, mas também da margem de corpos hídricos abertos (Figura 8.17).

A água é transportada para dentro da colmeia, onde é espalhada como uma película delgada sobre as margens ou sobre as tampas das células. Martin Lindauer

Figura 8.14 Abelhas, cuja tarefa é abastecer as abelhas aquecedoras energeticamente exauridas no ninho de crias, são vistas abrindo células de mel tampadas.

Figura 8.16 Abelhas aquecedoras gostam de se servir de depósitos no ninho de crias, enquanto eles estiverem disponíveis. Tais células permanecem cheias sempre por um período curto e não contêm mel, mas "apenas" néctar líquido diluído.

Figura 8.17 As abelhas coletoras de água distribuem esse líquido como pequenas gotas e uma película delgada sobre superfícies da colmeia, quando esta se torna demasiadamente quente.

Figura 8.18 Uma vez espalhada uma película delgada de umidade pelas coletoras de água, as companheiras da colmeia entram em ação como ventiladores vivos. A corrente de ar assim gerada evapora a água e resfria as superfícies.

Figura 8.19 Se for necessário um arejamento geral, as abelhas se dispõem como uma corrente de ventiladores em frente à colmeia e, desse modo, removem o ar antigo, que é muito quente ou contém muito dióxido de carbono.

Figura 8.20 O número de pupas adjacentes a uma célula vazia determina, em parte, o tempo que ela será ocupada por uma abelha aquecedora. Quanto mais pupas na vizinhança imediata da célula vazia, maior será o tempo de ocupação dela por abelhas aquecedoras.

(1918), renomado pesquisador de abelhas, descobriu há 50 anos que, quando as abelhas ventilam a área com suas asas (Figura 8.18), esses "voos estacionários" geram uma corrente de ar que evapora a umidade, causando uma queda da temperatura da colmeia. Essa corrente de ar é produzida por abelhas que estão sentadas diretamente sobre os favos ou paradas na entrada da colmeia.

Quando for necessário, as abelhas ventiladoras se posicionam em uma determinada ordem espacial e conectam seus pequenos esforços individuais em uma ventilação altamente eficiente de toda a colmeia (Figura 8.19).

As temperaturas corporais das abelhas aquecedoras e o tempo que elas passam dentro das células vazias estabelecem o nível de aquecimento de áreas muito pequenas do ninho de crias. Essas duas grandezas também vão depender de como está disposto o entorno de cada célula vazia.

Uma célula vazia só é usada para aquecimento quando é vizinha de pelo menos uma célula de pupa tampada. Nesse caso, a abelha aquecedora tem uma temperatura corporal média de 33°C. As abelhas aquecedoras elevam suas temperaturas a 41°C, se a célula vazia considerada estiver circundada pelo máximo (estabelecido geometricamente) de 6 células de pupa tampadas. As temperaturas atingem valores intermediários, quando as células vazias estiverem limitadas por 2 a 5 células de pupa.

Existe uma relação clara entre as células circundantes e a duração da ocupação das células vazias. Aquelas circundadas por 5 ou 6 células de pupas tampadas são ocupadas por abelhas aquecedoras em 100% do tempo. As aquecedoras exauridas energeticamente que saem das células são substituídas de imediato por abelhas seguidoras.

Uma célula vazia contígua a apenas uma célula de pupa tampada fica ocupada somente em 10% do período de observação; uma célula circundada por 3 células de pupa passa a ser ocupada por uma abelha aquecedora em 70% do tempo (Figura 8.20).

As irmãs fabricadas ou genética não é tudo

A maior parte da energia, que flui dos compostos de açúcar altamente energéticos presentes no néctar para o mel (cuja realização exige um desempenho máximo em organização e comunicação das abelhas), é simplesmente convertida em calor (Figura 8.21). Nesse caso, não se trata da habitual e inevitável perda física, que acompanha a conversão e o transporte de energia, mas sim da queima do mel para liberar energia calorífica. Qual é a razão desse investimento gigantesco, ao qual tantas áreas da biologia das abelhas estão condicionadas?

Sobretudo duas explicações para a temperatura elevada do ninho de crias das abelhas podem ser consideradas:

- Primeiro argumento: após o inverno, uma temperatura elevada do ninho de crias permite que a colônia volte rapidamente à rotina na primavera e, assim, explore as primeiras flores antes dos competidores. Segundo essa hipótese, quanto mais alta a temperatura das crias, mais curto é o período de desenvolvimento e mais rápido a colônia aumenta a sua população. Durante a estação reprodutiva, no entanto, jovens abelhas são geradas continuamente numa colônia, as quais não exibem a sequencialidade de gerações verdadeiras. Portanto, para o processo contínuo de criação e reposição populacional, não faz diferença se determinada abelha precisou de alguns dias a mais ou a menos se desenvolver. Uma temperatura de 32°C no ninho de crias, na qual ainda são produzidas abelhas saudáveis, possibilitaria à colônia uma considerável economia de energia, em comparação a uma temperatura de 35°C. Por que, então, a temperatura do ninho de crias é tão alta?

  O tempo de desenvolvimento da rainha é incomparavelmente mais curto. Sua fase de pupa dura, em média, 5 dias, em comparação com os 10 a 13 dias necessários para uma operária. Ainda assim, é incorreta a afirmação de que a temperatura de uma realeira é muito mais elevada que a das células das operárias. As medições têm mostrado que a temperatura de uma pupa de rainha situa-se em torno de 35°C. Para ser aquecida, a realeira é envolvida por abelhas aquecedoras.

  Existe uma correlação positiva entre o período de desenvolvimento e a temperatura de pupas; essa correlação é constatada para todos os insetos e fundamenta-se na bioquímica. Conforme exposto acima, contudo, é improvável que esse aspecto tenha sido a força propulsora da evolução do comportamento de aquecimento.

- O segundo argumento para o uso da capacidade de aquecimento das abelhas é mais convincente, sobretudo em regiões de clima temperado: as abelhas surgiram nos trópicos, evoluíram com altas e constantes temperaturas de ninhos de crias. Munidas de um perfeito sistema de aquecimento como pré-adaptação, elas estavam bem preparadas para o ingresso nas latitudes temperadas com seus invernos rigorosos. Assim, dispostas bem

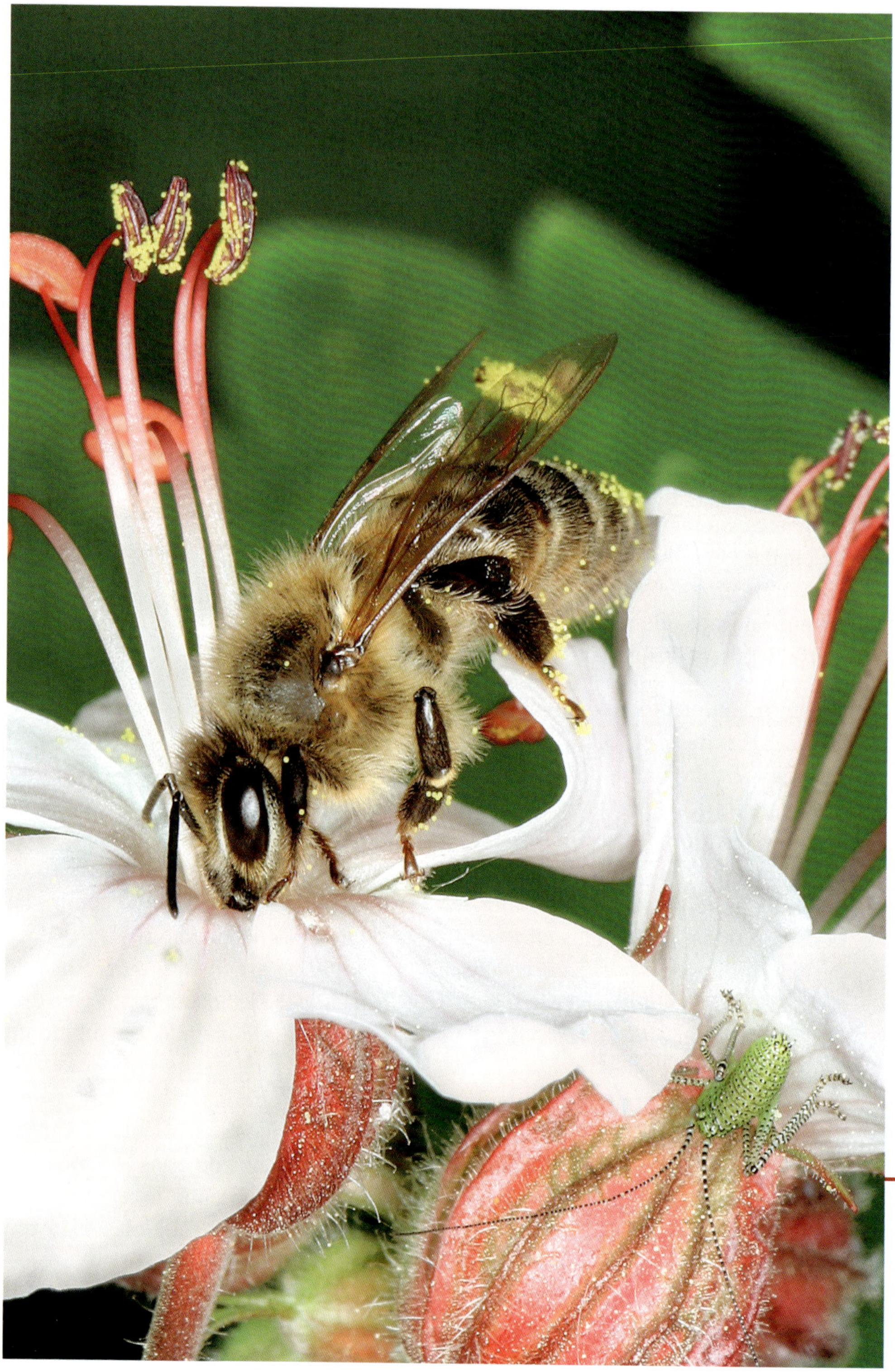

próximas umas das outras no inverno, elas conseguem manter acima de 10°C a temperatura de suas camadas externas – um limite térmico abaixo do qual as abelhas são incapazes de movimento. Na proteção proporcionada pelas abelhas que se agrupam no inverno, uma nova geração pode ser iniciada logo no começo do ano.

O segundo argumento, contudo, não responde por que justamente nos trópicos a temperatura do ninho de crias foi regulada de tal maneira alta e precisa para a fase de pupa. No controle da temperatura desejada para pupa nessas latitudes, o resfriamento é mais problemático do que o aquecimento. Em zonas climáticas quentes, as abelhas dos trópicos necessitam de um estoque de energia correspondentemente menor, o que significa menos produção e reserva de mel.

O estudo das propriedades de abelhas, que se desenvolveram como pupas em diferentes temperaturas, trouxe um ponto de partida para uma resposta à pergunta sobre o uso do aquecimento social para a colônia.

Antes de manipular a temperatura das pupas, é necessário estabelecer o regime térmico ao qual elas estão sujeitas no ninho de crias não perturbado.

Figura 8.21 Para ser exato, as flores não deveriam ser descritas como locais de alimento das abelhas e a colheita de néctar como colheita de alimento. Em vez disso, elas deveriam ser consideradas como fontes de energia e a colheita com aquisição de energia. A produção de mel no ninho seria então a refinaria do material bruto.

Os minúsculos medidores de temperatura, instalados nas células tampadas de modo que as pupas não sofressem danos, produziram três resultados interessantes:

- Em um ninho de crias natural, as temperaturas atuais das pupas são constantes em uma determinada área, mas em muitas células oscilam levemente em torno de um valor médio. Cada oscilação dessas é bem lenta e dura de 30 minutos a uma hora. Com isso, a amplitude da oscilação pode situar-se em torno de 1°C em ambas as direções.
- A temperatura média das pupas é temporalmente constante, para cada pupa observada.
- As temperaturas médias de diferentes pupas distam alguns graus Celsius entre si. Elas abrangem de 33 a 36°C.
- A direção das mudanças de temperaturas durante as lentas e leves oscilações não é igual para todas as pupas. Contudo, ela deveria ser igual se a temperatura do ninho inteiro variasse como em um único espaço de crias integrado. Em vez disso, a temperatura de uma pupa individual pode aumentar, enquanto a de uma pupa em uma célula adjacente decresce.

Essas três descobertas poderiam ser assim resumidas: as pupas das abelhas operárias (Figura 8.22) recebem individualmente das abelhas aquecedoras tratamentos térmicos "pessoais". Esses tratamentos térmicos diferenciados têm consequências para as abelhas resultantes?

Em média, a fase de pupa das abelhas dura 9 dias para as operárias, 10 dias para os zangões e 6 dias para a rainha. Nesse período, uma abelha se transforma de larva a adulta. Nessa metamorfose são definidas as características essenciais da abelha adulta. As características de uma abelha não se distinguem de maneira acentuada das de outros insetos. Sua estrutura e função são típicas de insetos e mantêm-se próximas de um plano básico idealizado, como em outros insetos adaptados a nichos ecológicos especiais.

A plasticidade ocupa o primeiro lugar entre as características típicas de abelhas. Durante suas vidas, as operárias realizam uma sequência de atividades diferentes que dependem da idade. Há muito são conhecidas as "profissões clássicas" que, dispostas na ordem de ocorrência em uma colônia não importunada, são: limpeza da célula, cobertura da célula com cria, cuidados da cria, serviço na corte da rainha, recebimento de néctar, produção de mel, remoção de detritos, acondicionamento de pólen, construção de favos, ventilação, proteção (guardiã), coleta. Estudos comportamentais minuciosos, empregando uma tecnologia que focaliza as abelhas individualmente, têm ampliado a lista de atividades, incluindo as abelhas aquecedoras e abelhas "postos de combustível", responsáveis pelo abastecimento de energia das abelhas aquecedoras (Figuras 8.23 a 8.26).

Atividades diferentes significam comportamentos distintos, e o comportamento é determinado pelo sistema nervoso. Portanto, o sistema nervoso das abelhas precisa possuir uma capacidade de mudança altamente desenvolvida. É de se estranhar o fato de a quantidade de um determinado hormônio, o hormônio juvenil, aumentar com a idade da abelha. Como o nome indica, a quantidade

Figura 8.22 As pupas estão colocadas ordenadamente de costas nas suas células.

Figura 8.23 Em princípio, toda abelha pode realizar qualquer tarefa que tem sido observada em uma colônia. A qualidade do desempenho apresentado e a frequência com que as tarefas são completadas são muito diferentes para indivíduos distintos de abelhas. Especialistas entram em ação quando é necessário arejar o ninho, por exemplo, para o adensamento do mel, a evaporação da água para fins de resfriamento e a troca do ar do ninho com concentração alta de dióxido de carbono.

Figura 8.24 A colheita de pólen geralmente é feita por abelhas especializadas nesta tarefa. Somente cerca de 5% das coletoras trazem tanto pólen como néctar para a colmeia.

Jürgen Tautz

de hormônio juvenil é normalmente mais alta em insetos jovens e decresce durante a vida do adulto. Os níveis crescentes de hormônio juvenil, durante a vida adulta, podem ser responsáveis pela maior capacidade de aprendizado das abelhas coletoras mais velhas em relação às jovens ainda na colmeia. Biologicamente, isso faz muito sentido, pois as abelhas mais experientes são enviadas ao mundo externo, para cumprir fora do ninho tarefas mais perigosas e mais desafiadoras que as atividades internas.

Uma abelha individualmente não poderá, todo o tempo, exercer todas as atividades mencionadas acima. Desse modo, somente poucas abelhas são usadas para a corte da rainha e para a guarda do estreito acesso ao ninho. Em relação a uma atividade específica, uma abelha pode realizar um trabalho muitas ou poucas vezes. A sensibilidade da abelha ao estímulo que desencadeia uma ação correspondente é decisiva para a frequência de uma atividade. O indivíduo muito sensível reagirá mesmo a estímulos fracos; a abelha com pouca sensibilidade reagirá apenas a estímulos fortes e, portanto, será correspondentemente menos ativa (▶ Capítulo 10).

Para cada abelha é possível elaborar uma lista de frequência de atuação em diferentes atividades. A idade da abelha e o contexto social na colônia exercem o papel principal na determinação da sua ocupação atual. Entretanto, como em todo o mundo vivo, aqui o componente genético igualmente desempenha um papel. A temperatura em que uma pupa se desenvolve em abelha adulta, no entanto, é mais influente na longevidade ocupacional do que a contribuição genética direta. Uma vez que a climatização do ninho é controlada pelas abelhas aquecedoras, cujo comportamento foi determinado pelas condições de desenvolvimento e predisposição genética, uma interação altamente complexa de ambiente e genoma proporciona à colônia um elevado nível de adaptabilidade.

A criação artificial de pupas de abelhas em temperaturas diferentes, encontradas em um ninho não perturbado, mostra que a frequência das atividades comportamentais é dependente das temperaturas em que elas foram criadas. Determinadas atividades internas são exercidas preferencialmente por abelhas que emergiram de pupas mais frias; outras tarefas são executadas por abelhas provenientes de pupas mais quentes. A comunicação é decisiva para a colheita bem-sucedida de uma colônia: as abelhas que se comunicam por meio da dança são principalmente as que se desenvolveram perto dos 36°C – o limite máximo encontrado no ninho de crias. Esse grupo de abelhas possui também maior capacidade de aprendizado e melhor memória que suas irmãs mais frias.

A temperatura de criação das pupas de abelhas influencia até mesmo o seu tempo de vida. As abelhas coletoras adultas geralmente vivem em torno de 4 semanas e

Figura 8.25 As abelhas guardiãs impedem o acesso ao ninho a indivíduos de outras colmeias e a todos os outros intrusos. Caso isso não funcione, elas perseguem o invasor que penetrou no ninho.

Jürgen Tautz

Figura 8.26 Enquanto constroem os favos, as abelhas participantes formam correntes vivas, cujo significado é completamente desconhecido.

são denominadas abelhas de verão pelos apicultores. Os indivíduos que sobrevivem no inverno (abelhas de inverno), e são novamente ativos como abelhas coletoras na próxima estação, podem viver até 12 meses. As pupas criadas em temperaturas mais baixas no ninho têm maior probabilidade de se tornarem abelhas de inverno.

A influência da temperatura sobre a metamorfose (desde a larva, passado pela pupa e chagando ao inseto adulto) é conhecida mediante muitos experimentos em outros insetos. Entretanto, apenas as próprias abelhas possuem a capacidade de determinar em que temperaturas suas irmãs crescerão. A sabedoria milenar da biologia, segundo a qual o ambiente e o genoma juntos determinam as propriedades de organismos, é estendida às abelhas, que encontraram uma possibilidade de retroalimentação direta entre essas duas forças formadoras.

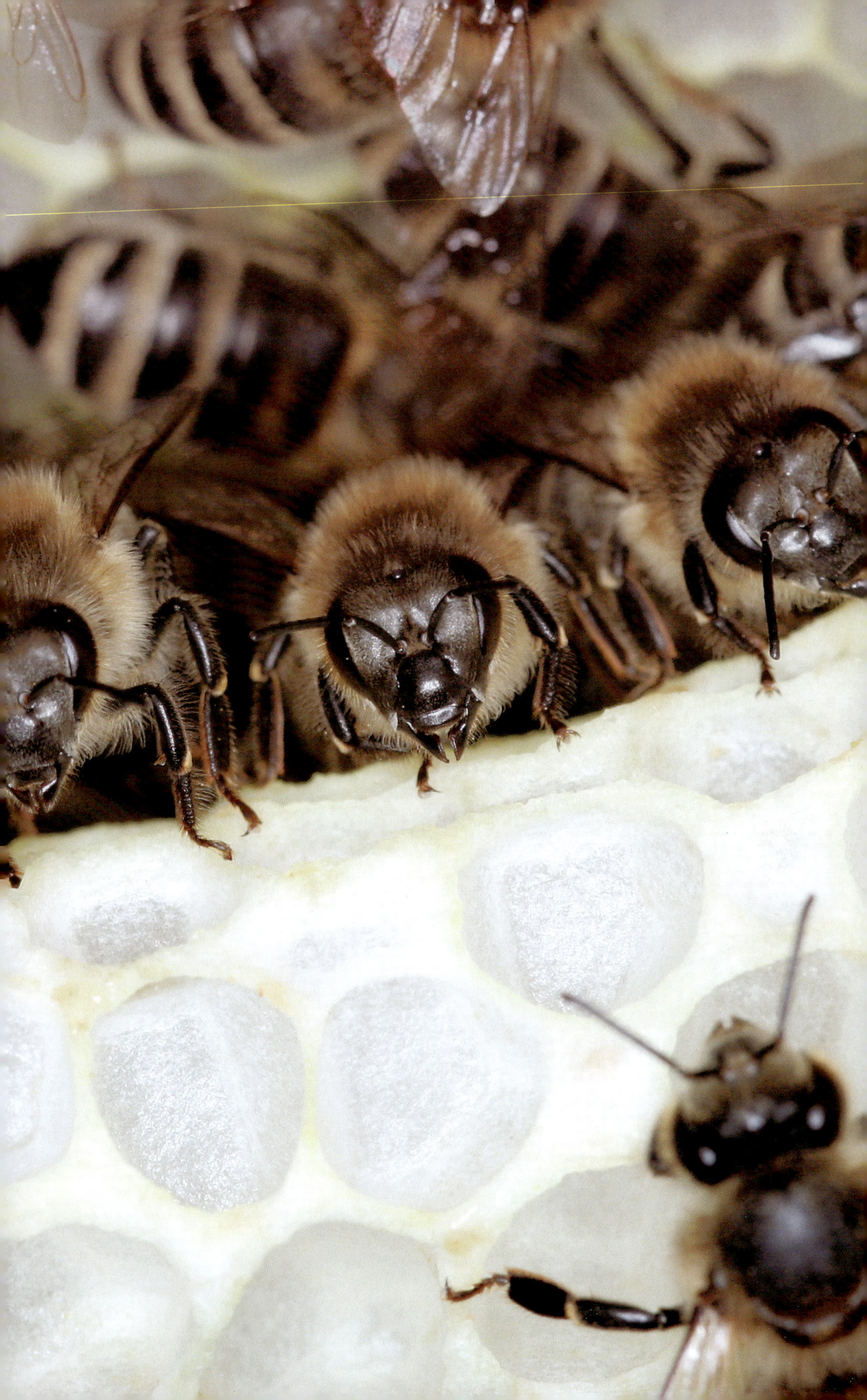

1# 9

Qual a importância dos parentes?

As estreitas relações de parentesco em uma colônia são consequência, mas não causa de sua formação social.

O surgimento da estrutura social das abelhas, como o mais complexo e elevado nível de organização até agora alcançado no mundo dos seres vivos, foi um passo que poderia ser previsto na evolução da vida (▶ Capítulo 1). A pergunta sobre quando esse passo de fato aconteceu está intimamente ligada à pergunta sobre as condições em que tal desenvolvimento poderia ocorrer. Uma expectativa teórica sozinha não leva a consequências práticas quando não existem as condições para tal. Desse modo, também na evolução, o surgimento efetivo do grande salto para superorganismos estava associado à ocorrência casual de um "pré-requisito técnico" que favorecesse decisivamente o surgimento dessa forma de vida. Fazendo uma analogia com o homem, por muito tempo o homem desejou voar e teorizou a respeito, antes de colocar em prática suas ideias. Essa transposição da teoria para a prática só foi possível quando os elementos estruturais foram reunidos para construir máquinas voadoras funcionais.

Mas quais eram as condições "técnicas" para o surgimento das abelhas formadoras de colônias? O que vale para as abelhas e não para libélulas, percevejos ou besouros, que não estabeleceram superorganismos?

Charles Darwin (1809-1882), o grande biólogo evolucionista, não aceitou que o surgimento das abelhas formadoras de colônias fosse inevitável; muito pelo contrário, ele viu na existência das abelhas um problema que poderia ameaçar toda a sua teoria da evolução. De acordo com a sua proposta, a primeira condição para a evolução é um número de descendentes maior do que o necessário para a manutenção da população em um nível constante. O próximo passo – a seleção – só pode acontecer se os descendentes forem numericamente suficientes e contenham variação. Nas abelhas, contudo, ele encontrou um organismo em que todas as fêmeas de uma colônia, com exceção da rainha, não produzem descendentes. Assim, em sua grande obra "*A origem das Espécies*", Darwin escreveu que seria difícil incluir as abelhas operárias em sua teoria. Elas diferem em comportamento e forma dos machos reprodutores (zangões) e das fêmeas (rainhas), mas, por serem estéreis, não podem passar adiante essas características divergentes. Porém, evidentemente elas o fazem... mas como?

Darwin encontrou uma solução inteligente e tranquilizadora para essas reflexões que lhe causavam dores de cabeça. Os problemas conceituais apresentados acima ficam nitidamente reduzidos quando se aceita que a seleção poderia atuar não somente em indivíduos, mas também na colônia inteira. Visto dessa maneira, segundo Darwin, eram as colônias inteiras que competiam pelo maior número de descendentes e não cada abelha por si. Nesse caso, seria a colônia e não a abelha individualmente a unidade da evolução.

A moderna biologia evolutiva inclui a ideia de evolução de colônias como unidades fechadas no conceito de seleção de grupo.

Há boas razões para supor que Darwin conhecia a concepção "coletiva" de uma colônia como um ser único ("um mamífero em muitos corpos"), que era defendida especialmente pelos apicultores alemães. Consequentemente, tais seres também deveriam estar em competição com os seus equivalentes, da mesma maneira que organismos individuais.

Mesmo depois de Darwin manteve-se a discussão de por que, no caso das abelhas e seus parentes (as mamangavas, as vespas e as formigas), as operárias não competem com outros integrantes da colônia pela quantidade de descendentes próprios. Essa renúncia das operárias em produzir sua prole parece uma estratégia voltada aos seus interesses e um distanciamento da competição direta por um maior número possível de descendentes.

Supreendentemente, é justamente a renúncia aos descendentes próprios que as abelhas têm usado como uma medida bem-sucedida para a propagação dos seus genes.

O parentesco genético especial entre as abelhas

É possível compreender melhor essa situação singular por meio de uma maneira muito elegante de observação que se tornou popular sobretudo pelo biólogo inglês William D. Hamilton (1936-2000).

A essência da ideia de Hamilton é a seguinte: genes correspondentes entre si, situados no mesmo local nos cromossomos correspondentes dos organismos (dois, no caso de seres diploides) e que influenciam a mesma característica, são denominados alelos. Os alelos podem ocorrer de formas diferentes e, assim, compor a base para a variabilidade dos genes. Os alelos são passados não apenas diretamente de pais para filhos, mas cópias deles existem também nos irmãos e seus filhos, primos, tios, e em todo o parentesco consanguíneo. A probabilidade de encontrar um mesmo alelo em um determinado indivíduo, no entanto, decresce quanto mais distante for o parentesco do organismo considerado. Não importa qual é o portador de alelo individual para o seu sucesso em se propagar como um competidor em uma população. Portanto, um comportamento que apoie parentes na geração e no cuidado de filhotes poderia ser também vantajoso para ambos (apoiador e seus alelos), mesmo que com isso ele abdique de seus próprios descendentes. Logo, tal renúncia não é uma desvantagem, se seus alelos correspondentes ocorrem com frequência no parentesco.

A seleção de parentesco, uma teoria desenvolvida pelos biólogos britânicos John Maynard Smith (1920-2004) e William D. Hamilton e baseada na distribuição de alelos em um grupo de organismos aparentados, tem nítidas consequências para o aparecimento de um comportamento cooperativo ou, em caso extremo, "altruísta" em animais. Ela oferece também, na evolução das abelhas, a base de explicação para a passagem de um limiar do "combatente solitário" ao ser social.

Aqueles alelos que se propagam com mais sucesso na ramificada rede de parentesco vivem "de maneira egoísta" às custas dos alelos vencidos. A visão de alelos que se "comportam de maneira egoísta" e que visam somente propagar o maior número possível de cópias de si mesmos no mundo, é apresentada convincentemente pelo biólogo inglês Richard Dawkins (1941-), no seu livro "*O gene egoísta*": aqueles alelos que podem fazer o maior número de cópias de si mesmos são vitoriosos às custas dos derrotados e mostram-se ao observador como unidades que se comportam de maneira egoísta.

Nas abelhas, eles exibem o que poderia se chamar de "ímpeto propagativo".

Como todos os outros himenópteros e muitas outras espécies de insetos não formadores de colônias, as abelhas apresentam um mecanismo incomum para a determinação do sexo de uma abelha em desenvolvimento. As abelhas procedentes de ovos não fecundados possuem um único conjunto de cromossomos: o estado cromossômico haploide. As abelhas originárias de ovos fecundados possuem dois conjuntos de cromossomos: o estado cromossômico diploide. As abelhas possuem um único gene para a determinação do sexo, que pode aparecer em diferentes alelos. Se uma abelha for homozigótica para este gene (os alelos são idênticos), que é o caso para todos os indivíduos haploides (elas possuem somente um único alelo), desenvolve-se um organismo masculino. Se uma abelha for heterozigótica para este gene (os alelos são diferentes), desenvolve-se uma fêmea. Se um ovo diploide for homozigótico para o gene sexual, o que acontece com frequência, surge um zangão diploide, o qual geralmente ainda no estágio larval é morto pelas operárias.

Esse modo de determinação do sexo por meio do número de cromossomos, ou haplodiploidia, tem consequências incomuns:

- Os machos não têm pais, pois provêm de ovos não fecundados. Consequentemente, os machos não têm filhos machos, mas, no máximo, netos.
- Se um macho e uma fêmea tiverem filhas, estas terão mais alelos em comum do que teriam com seus próprios filhos.

Para compreender esses fatos curiosos, deve ser seguida uma linha de raciocínio em pequenos passos:

- Em 1969, o biomatemático francês Gustave Malecot (1911-1998) definiu parentesco genético como "r", que é a probabilidade média de um alelo em particular, selecionado de um indivíduo, ser encontrado em um outro indivíduo aparentado.
- Biologicamente, faz sentido verificar o valor "r" do ponto de vista do "doador de genes", uma vez que este define a direção do fluxo gênico.
- Todos os alelos do pai haploide certamente serão passados para cada filha. A probabilidade de ocorrência dos alelos paternos nas filhas é de 100% ou, expressa de outra maneira, $r = 1,0$. Portanto, o pai encontra cada um de seus alelos em cada uma de suas filhas.
- A probabilidade estatística de encontrar os mesmos alelos da mãe diploide e nas suas filhas é de 50% (ou $r = 0,5$), uma vez que uma mãe carrega em

cada um de seus gametas exatamente a metade de seus alelos. Uma mãe terá, portanto, em média, a metade de seus alelos reproduzidos em uma determinada filha.

- A probabilidade de encontrar os mesmos alelos, comparando irmãs totais (mesma mãe, mesmo pai), é dada por um resumo de fatores relacionados ao pai e à mãe: a metade do genoma de uma abelha fêmea provém do pai e é idêntica em todas as irmãs totais. Expresso matematicamente, isso significa que 100% de 50% dos genes das irmãs são idênticos. A outra metade do genoma provém da mãe e tem apenas 50% de probabilidade de ser idêntica nas irmãs, pois para cada gene a mãe tem a oferecer dois diferentes alelos. Considerando o genoma inteiro, significa 50% de 50%, portanto, 25%, são idênticos.
- Adicionando-se agora os dois valores provenientes dos alelos do pai e da mãe, e comparando as irmãs entre si, obtém-se 50% + 25% = 75% ou $r = 0{,}75$ de parentesco genético.

Portanto, estatisticamente, as abelhas irmãs possuem ¾ de seus alelos em comum. Na realidade, em casos concretos, esses valores de alelos comuns oscilam entre 50% (somente os alelos herdados do lado paterno são iguais) e 100% (alelos herdados dos lados paterno e materno são iguais).

Animais clonados são 100% geneticamente idênticos; seu grau de parentesco genético é $r = 1{,}0$. Do ponto de vista meramente estatístico, as crianças são geneticamente semelhantes a seus pais em até 50%; aqui o grau de parentesco genético equivale a $r = 0{,}5$. As abelhas, que possuem $r = 0{,}75$, situam-se entre esses dois valores (de animais clonados e seres humanos). Desta perspectiva, para propagar seus próprios genes, o melhor que uma abelha fêmea tem a fazer é renunciar a maternidade e, em vez disso, ajudar sua mãe a gerar tantas irmãs suas quanto possível.

As operárias estéreis deveriam se apoiar cooperativamente para a propagação de seus alelos. Isso é exatamente o que acontece nas colônias de abelhas.

Contudo, ao examinar vida das abelhas mais detalhadamente, constata-se que a situação é um pouco mais complexa.

No voo nupcial, uma rainha acasala-se em média com 12 zangões. O esperma deles fecunda os ovos da rainha, que mais tarde originarão as fêmeas. Portanto, todas as operárias de uma colônia têm a mesma mãe, pois se originam da mesma rainha, mas muitos pais. Todas as operárias geradas do esperma do mesmo zangão são irmãs totais. Em relação às fêmeas de filhas de outros zangões, elas são meias-irmãs (mesma mãe, pais diferentes). As irmãs totais têm mais alelos em comum do que as meias-irmãs (Figura 9.1) e, assim, deveriam apoiar menos as meias-irmãs do que apoiam outras irmãs totais. É de se esperar, portanto, um complexo jogo de cooperação dentro dos grupos de irmãs totais e um conflito entre os diferentes grupos de irmãs totais. Em todo o caso, uma interação diferenciada como essa exigiria que as abelhas fossem capazes de distinguir meias-irmãs e de irmãs totais.

Mãe (rainha)

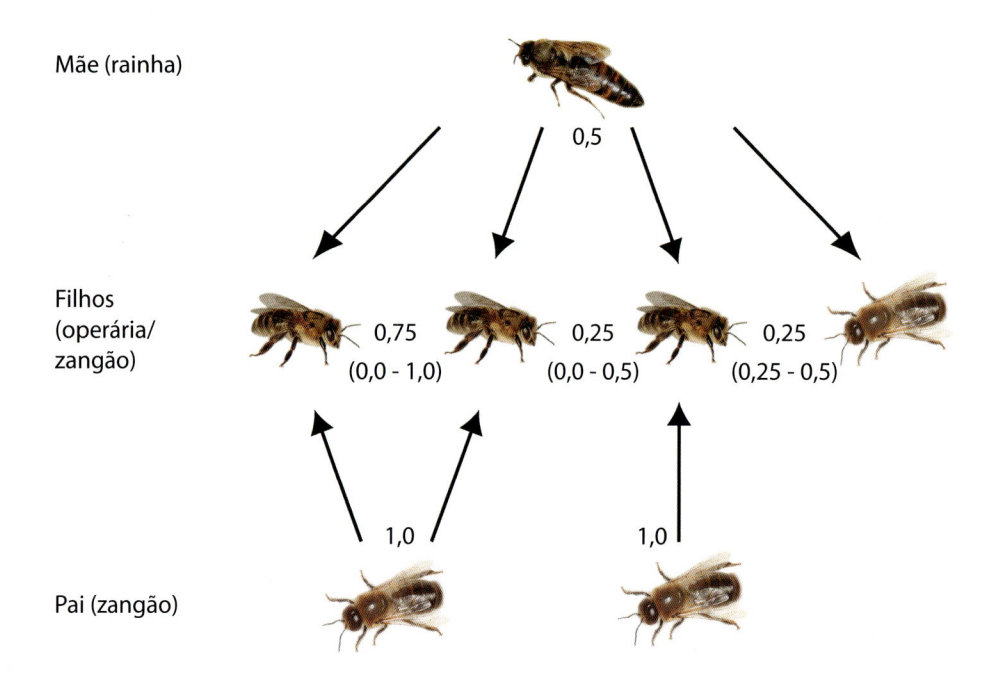

Filhos (operária/zangão)

0,5

0,75 (0,0 - 1,0)   0,25 (0,0 - 0,5)   0,25 (0,25 - 0,5)

1,0   1,0

Pai (zangão)

Figura 9.1 Dentro da colônia de abelhas há muitos níveis de semelhanças genéticas, expressos pelo grau de parentesco "r". Em cada caso, a rainha e todos os seus filhos compartilham um valor r de 0,5. Para irmãs totais, os valores r situam-se entre 0,5 e 1,0, com uma média de 0,75. Para meias-irmãs, os valores r situam-se entre 0,0 e 0,5, com uma média de 0,25. Irmãos e irmãs compartilham valores r na faixa de 0,0 a 0,5, com uma média de 0,25. Pais compartilham com suas filhas um valor r de 1,0. Quanto maior for o número de pais, mais complicado tornam-se as relações genéticas. Se as operárias começarem também a pôr ovos e, assim, originarem-se sobrinhos, resulta uma outra complicação dos valores r.

Através do odor, as abelhas podem descobrir muita coisa a respeito de outras abelhas. Quando uma abelha pretende entrar na colônia, a decisão se ela integra ou não esse grupo é de importância fundamental. Esse controle é realizado pelas abelhas guardiãs na entrada da colônia (Figura 9.2). As guardiãs farejam a recém-chegada de longe (▶ Figura 7.29) e a tocam com suas antenas. Assim, por meio das células quimiossensoriais em suas antenas, elas podem saber se a abelha controlada pertence à colônia ou é uma estranha.

Se o odor sinalizar que se trata de uma "estranha à colônia", a recém-chegada é

Figura 9.2 Na entrada para ninho, as abelhas chegadas são revistadas pelas abelhas guardiãs, para verificar se pertencem à colônia e podem entrar, ou se são "estranhas" e não recebem permissão.

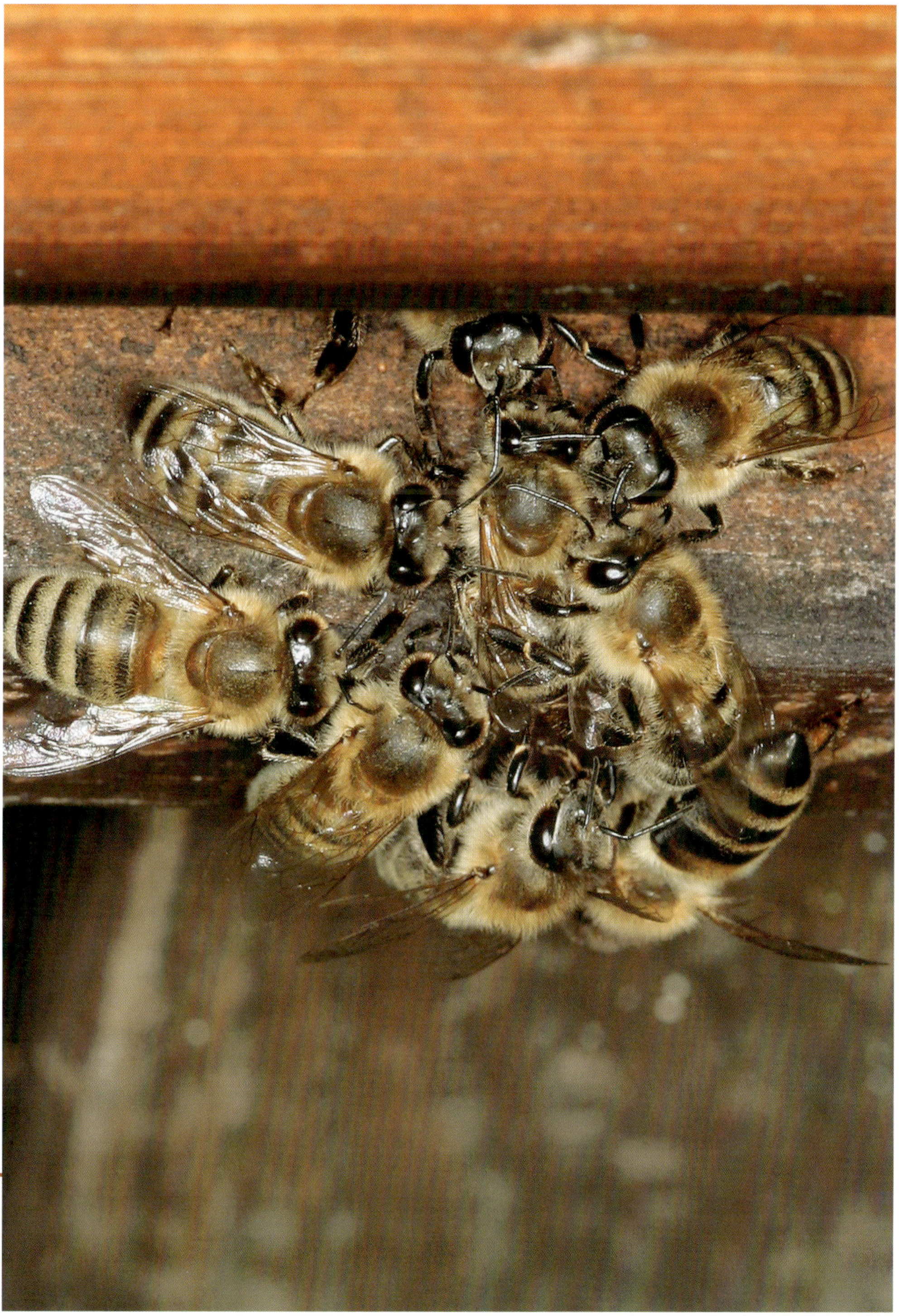

repelida de maneira agressiva. Apesar disso, ela tem uma chance de permissão para entrar, se oferecer uma gota de néctar à abelha guardiã (▶ Figura 7.30).

Os experimentos de adestramento têm revelado que as abelhas são capazes de distinguir irmãs totais de meias-irmãs pelo odor de sua cutícula, a delgada camada de cera que reveste a superfície corporal de todos os insetos e os protege da evaporação. Elas utilizam essa capacidade e, em caso positivo, quando isso faria sentido?

O mais conveniente seria o emprego dessa "identificação pelo faro" quando novos animais reprodutivos estão sendo criados, pois somente a rainha e os zangões possuem um futuro na reprodução. A criação de uma nova rainha equivale a uma mudança de direção, determinando os alelos que ocorrerão na nova colônia. Aqui existe um alto potencial de conflito entre os diferentes grupos de irmãs totais de uma colônia.

Nós não sabemos praticamente nada sobre como a colônia decide quem será a nova rainha. Ocorrem entre as meias-irmãs conflitos sutis e lutas que ainda desconhecemos? Os padrões de comportamento de operárias, jovens rainhas e zangões, ainda bastante desconhecidos (mas frequentemente registrados, com base em numerosas observações), exercem algum papel em voos de núpcias? Nesse quesito, muitas dúvidas permanecem sem resposta.

Outro campo de conflitos potenciais manifesta-se quando as operárias começam a pôr ovos. Nas abelhas europeias, isso acontece a uma taxa de um caso em 1.000. Como não há fecundação desses ovos, deles resultam zangões haploides. Portanto, nessa colônia podem surgir zangões que descendem da rainha e com ela apresentam um grau de parentesco de $r = 0,5$. Os zangões também podem ser gerados pelas operárias, com as quais têm um grau de parentesco igualmente de $r = 0,5$. O grau de parentesco entre uma operária e seu irmão é de $r = 0,25$; esse valor independe do número de acasalamentos, pois, para a geração dos filhos, a mãe emprega somente seus próprios genes nos ovos não fecundados.

A situação fica realmente complicada quando se calcula o grau de parentesco entre uma operária e seus sobrinhos, os filhos de suas irmãs. Os valores que se obtêm aqui dependem do número de acasalamentos que uma rainha teve no seu voo de núpcias. Se ocorrer somente um acasalamento, a operária possui um grau de parentesco de $r = 0,375$ com os filhos de suas irmãs e, nesse caso, todas as operárias são irmãs totais. No caso de dois pais, o grau de parentesco com os sobrinhos cai para $r = 0,1875$ (logo, abaixo do parentesco de $r = 0,25$ compartilhado com irmãos). Se a rainha acasalou dez vezes, resulta um grau de parentesco de $r = 0,15$ entre operárias e seus sobrinhos. Teoricamente, portanto, considerando a típica multiplicidade de acasalamentos de cada rainha, seria geneticamente vantajoso para a abelha operária matar os filhos de suas irmãs, mas não os seus irmãos e de maneira alguma seus próprios filhos, com grau de parentesco de $r = 0,5$.

Seria compreensível, portanto, se as operárias tentassem suprimir seus sobrinhos que são geneticamente distantes delas. De fato, observa-se que elas comem os ovos de outras operárias (Figura 9.3). Elas deveriam, no entanto, proteger seus próprios ovos e os de suas irmãs totais, enquanto destroem os de suas meias-irmãs. Até o presente momento, ainda não está claro se realmente é possível distinguir entre os ovos de suas irmãs totais e os das meias-irmãs. As operárias poderiam também "por garantia" simplesmente comer todos os ovos que não provêm da rainha.

A determinação quantitativa do parentesco genético entre os integrantes de uma colônia proporciona a base para uma teoria ambiciosa. O grau de parentesco "r", calculado nesse caso, é uma média estatística situada entre extremos bastante separados (Figura 9.1). Quando uma abelha encontra uma outra abelha, pupa, larva ou um outro ovo, ela não é confrontada com uma média estatística para "r", mas com um "valor r" isolado concreto. Uma abelha consegue identificar esse valor quando encontra outros animais?

A eliminação de ovos de zangões haploides pelas operárias mostra que elas conseguem distinguir entre os ovos da rainha e os das irmãs. A distribuição ao acaso dos alelos, contudo, faz com que uma operária possa se deparar com um ovo haploide da rainha, com o qual ela não tem nenhum gene em comum, e, por outro, com o ovo de uma irmã, com o qual ela compartilha o número máximo possível de alelos.

Para sustentar a teoria, portanto, é importante definir que não é a origem do ovo que determina a ação a ser executada por uma operária, mas sim o grau do genoma em comum.

Ainda há necessidade de mostrar em futuras pesquisas o quanto de fato as abelhas são capazes de reconhecer e utilizar os níveis de diferença no grau de parentesco.

No caso da eliminação dos ovos pelas abelhas, muitos argumentos levam a uma explicação menos complexa: esse comportamento poderia ser uma precaução higiênica (Figura 9.3). Acompanhado o destino dos ovos que foram protegidos do ataque das operárias devoradoras, constata-se que deles saem muito poucas larvas, e que o desenvolvimento embrionário não ocorre ou o embrião desenvolve-se prematuramente. As operárias estariam aqui ocupadas com a tarefa de distinguir ovos mortos de ovos vivos, bem mais simples do que identificar o grau de similaridade genética. Seria também imaginável que os ovos da rainha fossem reconhecidos por meio de um odor protetor, que ela proporciona por ocasião da postura. Também aqui muitas questões ainda permanecem em aberto.

A determinação sexual em forma de haplodiploidia nos himenópteros foi a "condição técnica" que ativou a evolução de superorganismos; ela oferece uma explicação para a mudança histórica, através de muitos degraus progressivamente complexos, da vida individual, passando pela vida coletiva de insetos, até a verdadeira socialidade, a eussocialidade.

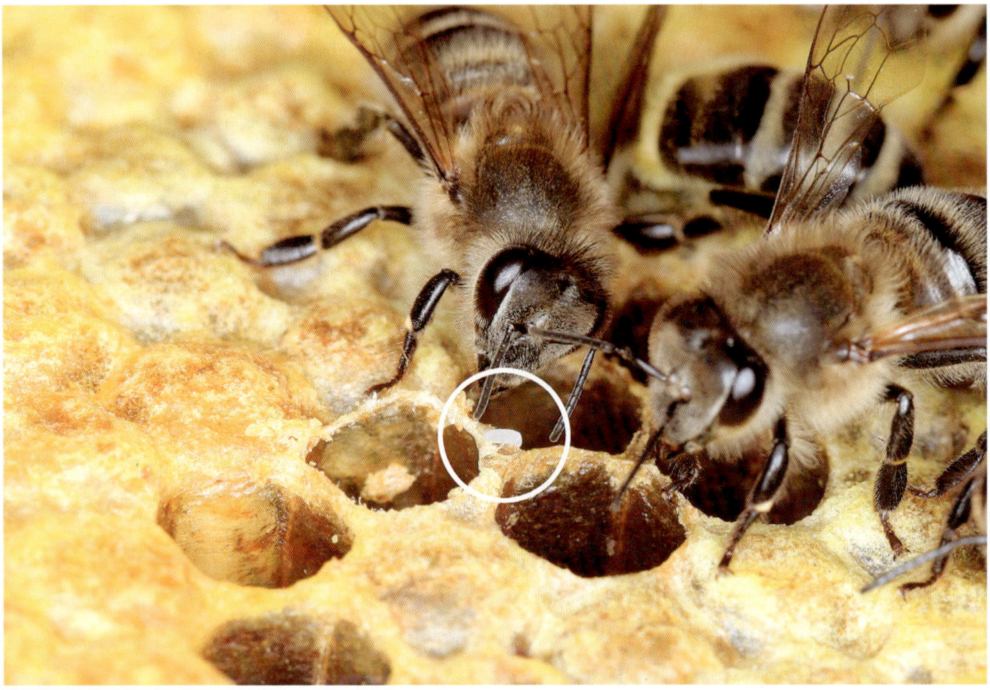

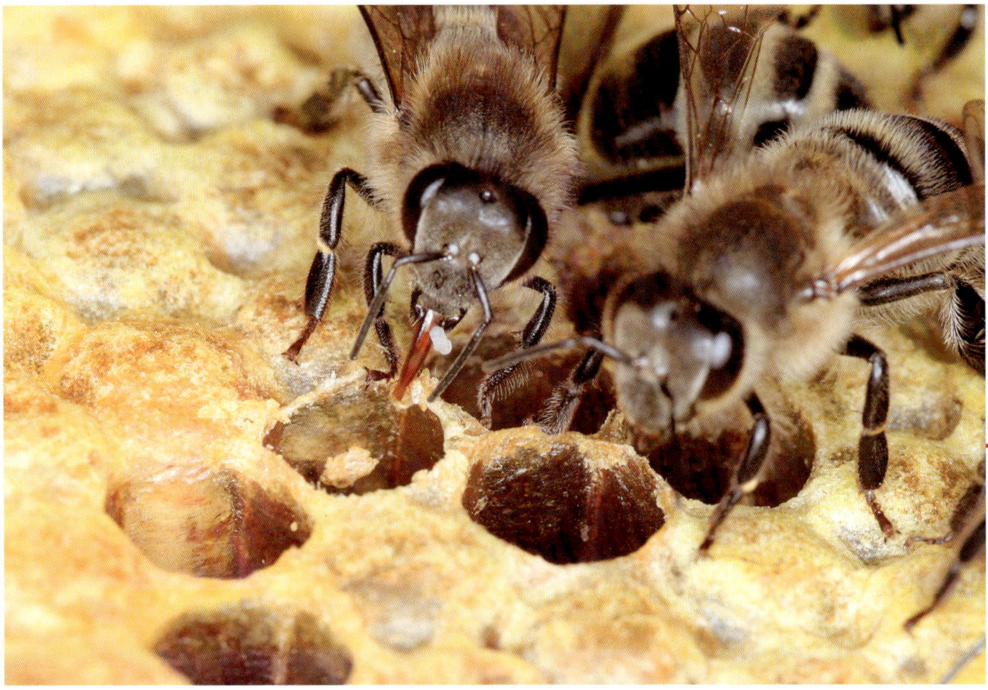

A realidade das colônias de abelhas existentes hoje não sustenta a teoria, quando se recorre apenas às relações de parentesco para explicar a atual biologia das abelhas. A dificuldade da ampla faixa de atuação dos valores "r" em torno da média estatística já foi mencionada. A situação se torna ainda mais complicada, se o número de acasalamentos de uma rainha for considerado no cálculo do grau de parentesco. A abordagem quantitativa de Hamilton é válida somente quando uma mãe e um pai geram todas as abelhas da colônia. Como, porém, muitos pais deixam suas marcas em uma colônia, isso não se aplica às colônias como as encontramos hoje. As operárias de uma colônia são, em média, menos similares geneticamente entre si do que seriam em relação às próprias filhas.

Aqui, na aplicação da teoria de seleção de parentesco para as atuais abelhas, temos uma situação que se ajusta à advertência de T. H. Huxley (1825-1895): *"The great tragedy of science is the slaying of a beautiful hypothesis by an ugly fact"* ("A grande tragédia da ciência é a morte de uma bela hipótese por um fato feio"). A situação aqui não é tão extrema. No decorrer da evolução, a seleção de parentesco e a haplodiploidia foram necessárias para que as abelhas (e outros himenópteros) encontrassem o caminho até a condição de superorganismos. Assim, é fácil de imaginar que as irmãs se ajudavam no estabelecimento de um ninho e no cuidado das crias, como podemos constatar em algumas vespas atuais. Porém, o que mantém as abelhas ainda nesse nível atual, se a seleção de parentesco não tem mais uma base inequívoca?

Cooperação é sempre bom

Quais são as vantagens das abelhas com esse comportamento? E por que todas as novas operárias de uma colônia não se desenvolvem do esperma de um único zangão, que fecundou a jovem rainha? Portanto, qual a vantagem para as operárias de uma colônia terem tantos pais?

Como aparentemente não é um parentesco genético próximo entre todos os componentes da colônia o que impede uma volta à condição de organismos solitários, outros aspectos devem estar no centro das atenções para impedir o colapso do superorganismo.

Uma vez iniciado o caminho em direção a superorganismo com base na seleção de parentesco, ocorreram subitamente outras mudanças, cujas vantagens foram maiores para o grupo do que uma separação por deriva genética, como apresentado anteriormente. É necessário que as vanta-

Figura 9.3 As operárias comem os ovos que não provêm da rainha e, em princípio, todo o ovo que apresenta defeito ou imperfeições no desenvolvimento. Para obtenção dessas imagens, um ovo foi ligeiramente danificado com uma agulha fina. Poucos minutos após, ele foi retirado da célula por uma operária (acima, círculo branco) e comido (abaixo).

gens mantenham juntos os integrantes na colônia, a despeito das fortes oscilações das relações de parentesco dentro dela.

Exatamente como cada organismo solitário tem uma fisiologia, um superorganismo possui uma "superfisiologia" que resulta das características e interações dos integrantes da colônia. É essa fisiologia social de um superorganismo que, como um elo poderoso, mantém unidos os integrantes da colônia e cujas características serão avaliadas na seleção competitiva entre superorganismos. As características de todo o grupo são o fenótipo sobre o qual a seleção atua. Se um animal pertencer a um grupo bem avaliado, ele está do lado vencedor. Tais operárias sobreviveram e até puderam propagar os alelos do seu genoma, ainda que apenas indiretamente por meio de sua mãe e seus irmãos.

Uma causa substancial para o grande conflito genético dentro de uma colônia de abelhas é o acasalamento múltiplo da rainha. Assim, o que ganha o superorganismo desses múltiplos acasalamentos da rainha, se com isso ele recebe em troca conflitos internos?

A presença de muitos pais significa muitos alelos diferentes e isso denota operárias com muitas características correspondentemente distintas.

Tais diferenças entre as abelhas incluem, entre outras características, a sensibilidade a diferentes estímulos ambientais. Alguns pais geram abelhas sensíveis a alguns estímulos, outros, abelhas insensíveis a estímulos. As consequências concretas dessa ampla gama de sensibilidades atingem a intensidade com a qual uma colônia reage a distúrbios externos ou internos. Determinados indivíduos já começam a aquecer mesmo após uma queda muito pequena de temperatura no ninho de crias. Um outro grupo de abelhas junta-se a elas somente quando a temperatura já caiu um pouco mais; um outro grupo começa suas atividades com temperaturas ainda mais baixas (▶ Figura 10.6). É fácil perceber que uma colônia como um todo, com essa gradação, sempre reage perfeitamente a distúrbios, pois são mobilizadas tantas forças quantas são apropriadas para o nível de distúrbio. Um amplo espectro, variando de abelhas altamente sensíveis até aquelas insensíveis, conduz automaticamente sempre à força correta de reação da colônia.

As linhas paternas múltiplas em uma colmeia, e a resultante diversidade de características de seus membros, têm impacto não apenas sobre o ajuste climático, mas também sobre cada aspecto da vida de colônias de abelhas.

A suscetibilidade de uma colônia às doenças também cai com o número de pais, de cujas filhas ela é composta. Não se sabe o motivo de que as colônias resultantes de rainhas fecundadas muitas vezes são nitidamente menos suscetíveis a doenças do que aquelas com mãe fecundada artificialmente uma única vez. É muito difícil esclarecer essa constatação, se considerarmos a resistência a doenças de cada abelha individualmente. Supõe-se que a fisiologia social de uma colônia geneticamente heterogênea possa reagir aos vários tipos de estresse apresentados por transmissores de doenças. Desse fato resultam muitas questões instigantes para futuras pesquisas sobre abelhas.

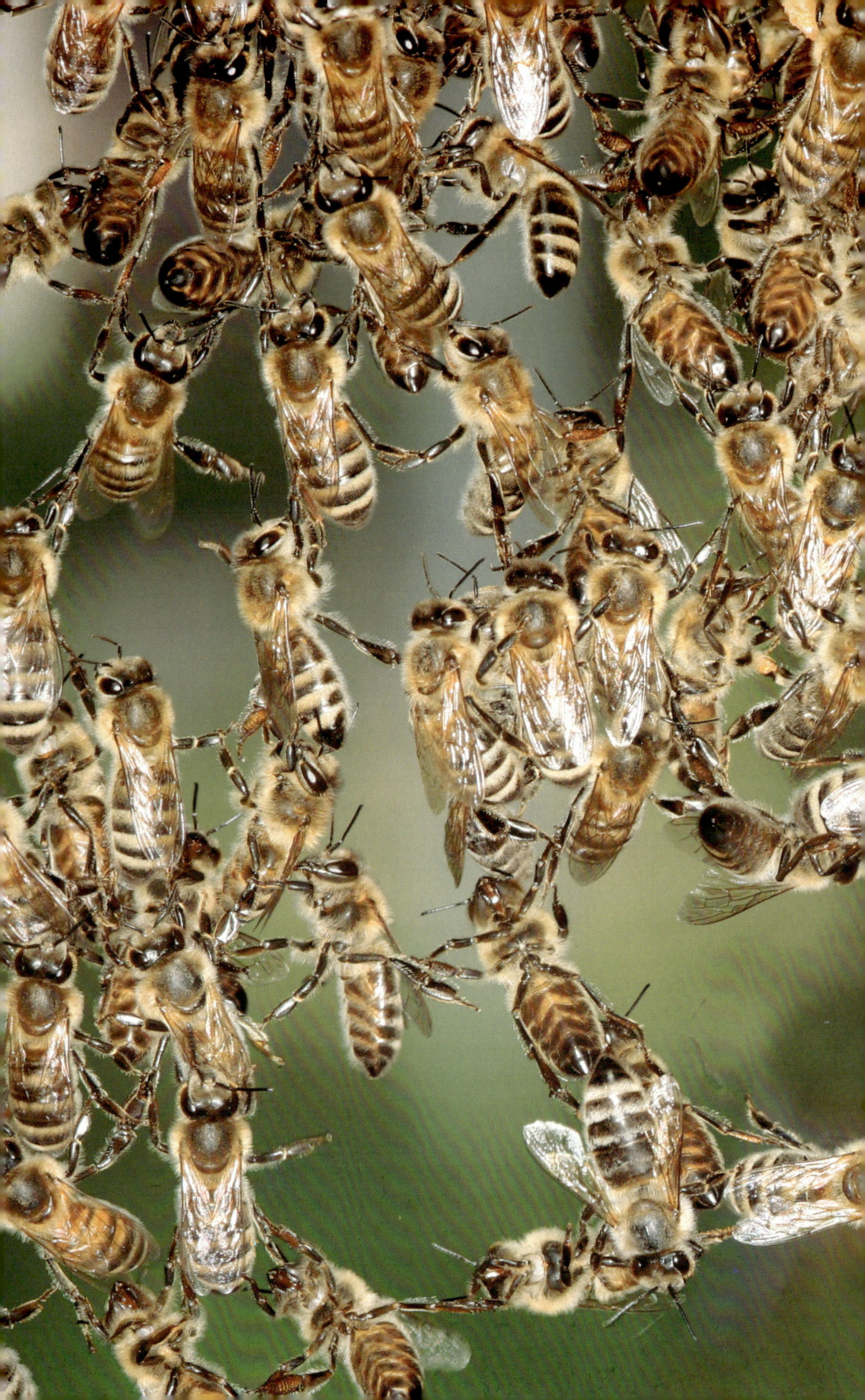

10

Os círculos se fecham

O superorganismo colônia de abelhas é mais do que simplesmente a soma de todos os seus indivíduos. Ele possui características que não são encontradas nas abelhas individualmente. Ao contrário, as características da colônia como um todo, no contexto de sua fisiologia social, determinam e influenciam muitas características das abelhas.

O superorganismo colônia de abelhas: um complexo sistema adaptativo

Em uma colônia de abelhas, as relações e os processos são altamente complexos, pois juntas, como pequenos elementos estruturais, milhares delas contribuem de modo constante e simultâneo para o comportamento coletivo.

A curto prazo, por meio da sua plasticidade, e a longo prazo, por meio da evolução, os sistemas biológicos complexos posssuem a capacidade de se adaptar a aspectos relevantes do ambiente.

Em muitas áreas na natureza e na tecnologia são encontrados sistemas complexos com capacidades adaptativas, o que permite uma descrição geral de suas características.

Segundo John H. Holland (1929-), especialista na área de informática, um sistema adaptativo complexo é "uma rede dinâmica com muitos membros (eles podem representar células, espécies, indivíduos, firmas ou mesmo nações) que reagem continuamente e em paralelo ao que os outros participantes fazem. O controle de um sistema adaptativo complexo tende a ser disperso e descentralizado. Se for necessário um comportamento integrado do sistema, isso deve provir da competição e cooperação dos participantes. O comportamento do sistema como um todo resulta de um grande número de decisões que são tomadas por muitos agentes individuais".

Para um pesquisador de abelhas, essa definição é estimulante e deve ser analisada várias vezes, para que sejam abordadas todas as suas facetas. Ela fornece um embasamento teórico para a inclusão do fenômeno abelha em todos os sistemas possíveis, confirmando impressões obtidas intuitivamente do trabalho com esses animais. Ao tentar descrever as propriedades especiais do superorganismo colônia, um pesquisador de abelhas poderia fazer a seguinte caracterização, que corresponde fielmente à definição abstrata de Holland:

"A colônia é uma comunidade animal complexa e adaptativa, composta de muitos milhares de indivíduos em permanente atividade e que reage às condições ambientais e à presença de seus parceiros de ninho. Não existe uma instância superior de controle, mas sim o comportamento geral da colônia resulta da cooperação e da competição entre as abelhas".

Um complexo sistema adaptativo, como a colônia de abelhas, exibe a capacidade para auto-organização e emergência. Outras características importantes de um complexo sistema adaptativo são a comunicação (apresentada no Capítulo 4), a especialização (apresentada no Capítulo 8), a organização espacial e temporal (Capítulo 7) e a reprodução (descrita no Capítulo 2).

Como se expressam a auto-organização e a emergência em uma colônia?

O equilíbrio precisa ser mantido

As funções vitais essenciais de um organismo saudável estão em equilíbrio. Uma vez que fatores externos e internos podem comprometer esse equilíbrio, são desejáveis processos com os quais ele possa ser ativamente restabelecido. Esses processos atuam da seguinte maneira: os valores que caem abaixo de um nível desejado são ativamente elevados; os valores demasiadamente altos são diminuídos. Tais processos reguladores ocorrem por meio de retroalimentações (*feedbacks*) negativas, que estabelecem conexões entre diferentes partes do sistema e o mundo exterior e mantêm a homeostasia. Em um sistema biológico, como uma colônia de abelhas, a homeostasia é a autorregulação de um estado de equilíbrio. O conceito de equilíbrio pode sugerir repouso e tranquilidade. Contudo, o estado de equilíbrio de uma colônia é tudo menos estanque. Os níveis estabelecidos mudam continuamente e são regulados pela atividade constante da colônia. Em tais casos altamente dinâmicos, os pesquisadores chilenos Francisco Varela (1946-2001) e Humberto Maturana (1928-) falam em homeodinâmica, em vez de homeostasia. Para simplificar, no entanto, fiquemos com o conceito estabelecido de homeostasia.

As propriedades estruturais de um sistema biológico regulado têm duas consequências que fazem parte dos fundamentos da biologia organicista:

- Primeiro: o todo é mais do que a soma de suas partes, e surgem propriedades emergentes que não estão presentes ao nível dos elementos construtivos.
- Segundo: o todo, por sua vez, determina o comportamento das partes componentes.

As conexões recíprocas entre o todo e suas partes são o cerne da biologia organicista, que, a partir da sua autocompreensão, procura entender tanto os detalhes quanto o todo.

Se a biologia organicista não examinasse amplamente as dependências mútuas das partes separadas entre si e destas com o todo, ela não conseguiria cumprir a sua tarefa de sempre compreender melhor os fenômenos complexos dos seres vivos no seu funcionamento e no seu objetivo biológico. As abelhas são as que melhor se ajustam a essa abordagem, pois as duas hipóteses sobre propriedades de sistemas vivos – o todo é mais que a soma das propriedades de suas partes e o todo influencia as propriedades de suas partes – podem ser claramente estudadas e comprovadas nas suas colônias.

Quanto à primeira afirmação:

As colônias de abelhas são sistemas altamente complexos com as mais diversas possibilidades de retroalimentação. Na colônia são encontradas tanto a homeostasia, ao nível das funções corporais das abelhas individualmente, quanto a homeostasia social, ao nível da colônia inteira. Como todo ser vivo saudável, uma abelha individualmente está equilibrada em suas tarefas corporais. Os estados de equilíbrio na colônia só são alcançados por meio de ações coletivas de todos os integrantes da colônia. Nisso se enquadram a construção do favo, a climatização e a higiene do ninho. Tais capacidades ou propriedades, que aparecem apenas na coletividade e que os indivíduos não possuem, identificam a fisiologia social da colônia.

Quanto à segunda afirmação:

A fisiologia social da colônia tem grande influência sobre as características das abelhas individuais, seja no caso da "incubação" coletiva de características de cada abelha (▶ Capítulo 8) ou da construção do favo (▶ Capítulo 7).

Não importa em que local da biologia da abelha se começa com a análise. Tudo está ligado a tudo, o que dificulta muito, em princípio, o estudo isolado de alguns sistemas de controle.

A manutenção da temperatura do ninho de crias é um bom exemplo de sistema de controle na colônia.

Nem quente demais e nem frio demais

Regulagem significa corrigir variações de um valor especificado. As ferramentas apropriadas de regulação da temperatura (mecanismos de regulação) estão identificadas em abelhas: introduzir água e abanar as asas para diminuir a temperatura; produzir calor através da musculatura de voo, para o aumento da temperatura. O calor produzido por abelhas pode ser empregado com mais eficiência entrando em células vazias na área da cria.

A arquitetura do ninho de crias também contribui para isso. O ninho deve ser construído de uma maneira especial, para uma incubação uniforme e com o melhor gasto posível de energia. Para cada temperatura ambiental, existe uma densidade ideal de células vazias na área de crias tampada, que são usadas para o aquecimento a partir de dentro (Figura 10.1). Caso as células vazias à disposição estiverem em pouquíssima ou em muito grande quantidade, e efetividade do aquecimento é reduzida. A proporção de células vazias nos ninhos de crias de uma colônia saudável é de 5 a 10%. O número de células vazias entre as células de pupas tampadas pode também variar, dependendo da temperatura média do ambiente. Essa temperatura pode ajudar no esforço de aquecimento das abelhas; então, são necessárias menos células vazias ou mesmo nenhuma. Por outro lado, ela pode também dificultar e, nesse caso, há necessidade de manter células livres na área de crias tampada. Circunstâncias desfavoráveis, não envolvidas na regulação climática do ninho, podem determinar o aparecimento de uma quantidade de células vazias na área de crias tampada claramente acima de 10% ou mesmo superior a 20%. Assim, um número elevado de larvas de zangões excepcionalmente diploides (▶ Capítulo 9), que serão mortos pelas operárias e retirados de suas células, pode levar a uma aparência "esburacada" do ninho de crias.

A temperatura média na qual uma pupa se desenvolve influencia nas características da abelha adulta. Isso diz respeito à sua capacidade de aquecer efetivamente o ninho de crias e, possivelmente, também de contribuir no aperfeiçoamento da arquitetura do ninho, a qual, por sua vez, tem influência no aquecimento das pupas e, com isso, novamente nas características das abelhas resultantes. No ninho de crias estabelecem-se conexões e retroalimentações em pequenos e grandes sistemas autorreguláveis.

Em colônias de abelhas é possível encontrar múltiplas manifestações de retroalimentações, rápidas ou lentas, de abelhas individuais ou do superorganismo. Para retroalimentações negativas, encontram-se correlações fortes ou fracas entre perturbação e contrarreação.

Figura 10.1 O ninho de crias das abelhas é um exemplo visível da homeostasia social. O ninho resulta do trabalho de todas as abelhas. O aquecimento energeticamente ideal das células das pupas é uma consequência dos detalhes arquitetônicos do ninho de crias. Se a área de crias tampada contiver de 5 a 10% de células vazias, as abelhas aquecedoras podem ter um melhor emprego do calor por elas produzido.

Na colônia, há processos regulados em escala menor ou maior.

A velocidade das retroalimentações pode variar conforme os mecanismos fisiológicos empregados. Isso depende do tempo necessário para a determinação do valor real (valor de medida) de um parâmetro em particular, e da rapidez com a qual esse valor pode ser comunicado. Se as abelhas recebem a informação diretamente dos sinais do ambiente, a contrarreação geralmente é mais rápida do que quando a informação é transferida indiretamente por meio de sinais de comunicação. Em oposição à informação percebida individualmente, as atividades induzidas e coordenadas pela comunicação têm a vantagem pelo fato de que as ações sobre espaço e tempo são independentes da experiência individual de cada abelha. O exemplo clássico, neste caso, é a comunicação pela dança. Porém, no comportamento de aquecimento do ninho de crias, também constatamos fenômenos que são explicáveis somente por meio um sistema de comunicação, cujas particularidades permanecem desconhecidas: se o último segmento da antena, onde se localizam os receptores termossensoriais, for cuidadosamente retirado de centenas de abelhas aquecedoras, seu comportamento dentro do ninho não diferirá muito do das abelhas intactas, mas elas não aquecerão espontaneamente um ninho de crias tampado. Se um grupo de abelhas aquecedoras intactas for adicionado a esse grande grupo de abelhas insensíveis à temperatura, após pouco tempo todas elas participam do aquecimento. Uma vez que as abelhas deficientes eram incapazes de medir diretamente a temperatura muito baixa do ninho e, portanto, de aquecê-lo, o aquecimento em grupo pode ser iniciado pelo recrutamento e, com isso, por alguma forma de comunicação. Nesse caso, o pequeno número de abelhas intactas incitou a grande multidão de animais amputados para o aquecimento.

O valor ideal de níveis controlados para cada organismo é encontrado ao longo da evolução através do processo de mudança e seleção. Os sistemas mais desenvolvidos podem não apenas manter valores de equilíbrio de longo prazo no curso da evolução, mas também alterar o ponto de partida dos sistemas de controle de curto prazo, adaptando-se continuamente a novas necessidades.

Os níveis especificados em uma colônia, como o tamanho mais adequado do ninho de crias ou a quantidade de reserva em pólen, podem variar bastante com as estações do ano, e a capacidade do superorganismo em se ajustar continuamente a essas mudanças é uma expressão da sua plasticidade.

Se surgirem novas tarefas ou se aumentar a abrangência de determinada tarefa, a colônia tem três possibilidades de reagir a esses novos desafios:

- Os indivíduos ocupados com a execução da tarefa aumentam seu esforço.
- Indivíduos ocupados com outras atividades podem ser recrutados para nova tarefa, embora isso possa provocar conflitos quanto à execução das duas atividades diferentes.
- Indivíduos de uma "reserva" da colônia são ativados.

As colônias de abelhas geralmente reagem por ativação da reserva, cuja manutenção elas podem proporcionar graças à sua força numérica.

O sistema de controle da importação de néctar e o consumo de mel

Existem muitos "valores desejados" controlados na colônia de abelhas. O pesquisador americano Thomas D. Seeley (1949-), em seu livro *Honigbienen – Im Mikrokosmos des Bienenstockes* (Abelhas – No microcosmo da colmeia), descreve seu trabalho sobre o circuito de controle da exploração das fontes de energia de uma colônia. Uma série de fatores influencia no tamanho das reservas de mel da colônia. Nesse sentido, podem ser destacados dois fatores gerais: a disponibilidade de espaço para armazenamento do mel e a taxa com que ele é consumido pelas abelhas.

O uso intensivo de mel para o ninho de crias precisa ser contrabalançado pela importação de néctar. Isso é realizado pelas abelhas coletoras. O controle das abelhas coletoras precisa contemplar os seguintes aspectos: ativação das coletoras, quando as reservas na colmeia caem e há uma boa oferta no campo; diminuição da atividade de coleta, quando há reservas suficientes na colmeia ou se esgotam as fontes de alimento. Em ambos os casos, a retroalimentação realiza-se por meio de mecanismos de comunicação. As danças ativam a reserva da colônia; abelhas de recebimento (hesitantes) sobre os favos e formas de comunicação próprias, com o objetivo de reduzir a atividade de coleta, possuem efeito contrário. Tais retroalimentações permitem uma resposta rápida da colônia a novas situações desse tipo.

Os detalhes do controle são os seguintes: se a oferta de néctar no campo for boa, as abelhas coletoras realizam danças em círculos ou de requebrado. Com isso, suas companheiras de ninho são estimuladas a aumentar o consumo de néctar. Esse aumento da importação de néctar não ocorre porque as abelhas coletam mais intensamente, mas sim porque o número de coletoras aumenta. A colônia dispõe de consideráveis reservas de abelhas inativas, que são ativadas pelas danças de requebrado. Uma imagem detalhada da atividade de coleta da abelha individualmente pode ser obtida quando cada uma delas, ao nascer, é equipada com um *microchip* (*RFID* = *radio frequency identification*, Figura 3.10). Esse equipamento permite registrar minuciosamente cada voo da abelha, durante toda sua vida (Figura 10.2). Assim, é possível demonstrar que uma abelha coletora típica faz, em média, de 3 a 10 voos diários.

Se todos os locais de armazenamento disponíveis no ninho estiverem preenchidos, as abelhas coletoras, ao regressarem do voo, não mais são descarregadas pelas abelhas receptoras, responsáveis por essa tarefa; pelo menos, prolonga-se o tempo de espera por uma abelha receptora. Em consequência disso, as abelhas coletoras realizam uma dança de vibração (Figura 10.4, à direita) e, desse modo, tentam sinalizar para outras coletoras que "não há necessidade de mais voos de coleta".

As abelhas coletoras podem também determinar, diretamente no local de coleta, quando a fonte corre risco de esgota-

Figura 10.2 Abelhas transparentes: um *microchip* colocado nas abelhas permite a identificação de indivíduos isoladamente e o monitoramento de suas atividades durante suas vidas.

mento ou que está sendo visitada por abelhas coletoras em demasia, provocando transtornos e atrasos. Após o retorno ao ninho, tais abelhas comprimem-se umas contra as outras e emitem um breve e sonoro "pio" (Figura 10.3).

Esse som emitido pelas coletoras tem influência moduladora sobre danças de requebrado e de vibração. Ao receberem o "pio", as abelhas dançarinas de requebrado cessam suas danças. Fora da área de dança, os "pios" e as danças de vibração recrutam mais abelhas receptoras, a fim de aumentar a capacidade de processamento do néctar da colônia. Em concordância com a tarefa das danças de vibração, isso faz sentido, pois através delas as coletoras são freadas no seu ímpeto de coleta. Danças de requebrado, danças de vibração e "pios" estabilizam todo o fluxo e o processamento de néctar no ninho, levando a variações menores do que se esperaria se o comportamento de coleta fosse governado apenas por oscilações da oferta no campo (Figura 10.4).

A atividade espaço-temporal de coleta de uma colônia é também resultado de um manejo expressivo de antigos e novos locais de alimento pelas abelhas. O fluxo de informações que dirige as forças de trabalho na colônia depende das danças e do comportamento das abelhas recep-

Figura 10.3 Abelhas coletoras visitantes de locais de alimento que se tornaram sem atrativo aproximam-se de outras coletoras no ninho e emitem "pios" de alta frequência. Em consequência disso, estas cessam suas danças. Influenciadas pelos "pios", as abelhas receptoras inativas são ativadas e descarregam o néctar recém-colhido.

toras, que continuamente comparam os sabores de diferentes locais de alimento. Dessa maneira, a distribuição das abelhas coletoras no campo é perfeitamente bem ajustada às possibilidades de oferta.

Os sistemas de controle também estão interconectados. Assim, o sistema de controle de importação de néctar está entrelaçado com o sistema de controle da construção de favos. Quando as abelhas receptoras de néctar não dispõem mais de qualquer local para armazená-lo por várias horas, suas glândulas de cera começam a produzir novo material estrutural. Isso, por sua vez, desencadeia uma nova atividade de construção, que criará um recinto adicional para armazenamento, se o espaço do ninho permitir tal expansão.

Um outro "valor especificado" no superorganismo – um valor teórico, expressando de maneira tecnicamente correta – é o ajuste da temperatura local do ninho de crias. É possível que a temperatura real seja mais alta ou mais baixa do que a temperatura desejada. Isso significa que há um sistema de regulagem no superorganismo com capacidade de diminuir ou aumentar a temperatura.

Se a temperatura estiver muito alta, as abelhas transportam água para dentro do ninho e a distribuem finamente sobre as bordas e tampas das células, enquanto outras pousadas sobre os favos produzem uma corrente de ar refrescante com suas asas (Figura 10.5). Se a temperatura estiver muito baixa, o que acontece geralmente na nossa latitude*, as abelhas

---

* N. de T. O autor se refere aqui às condições latitudinais na Alemanha.

Figura 10.4 Dois modos de comportamentos são os "botões de controle" para a regulagem do fluxo de néctar para dentro do ninho. À esquerda: danças de requebrado recrutam outras abelhas coletoras, aumentando, assim, a importação de néctar. À direita: danças de vibração desestimulam as abelhas coletoras de realizar mais voos, diminuindo, desse modo, a importação de néctar.

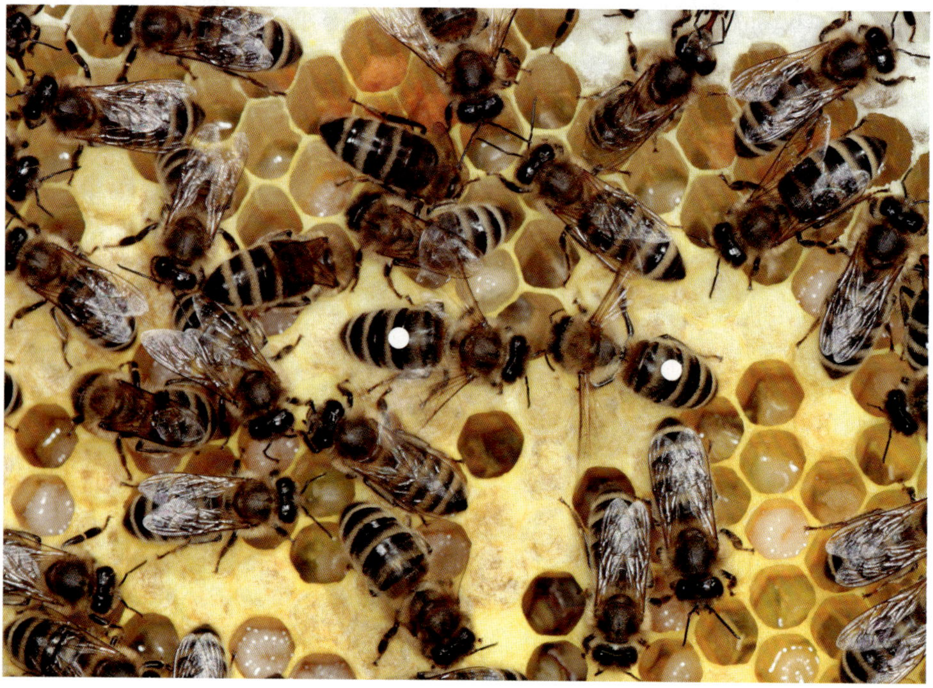

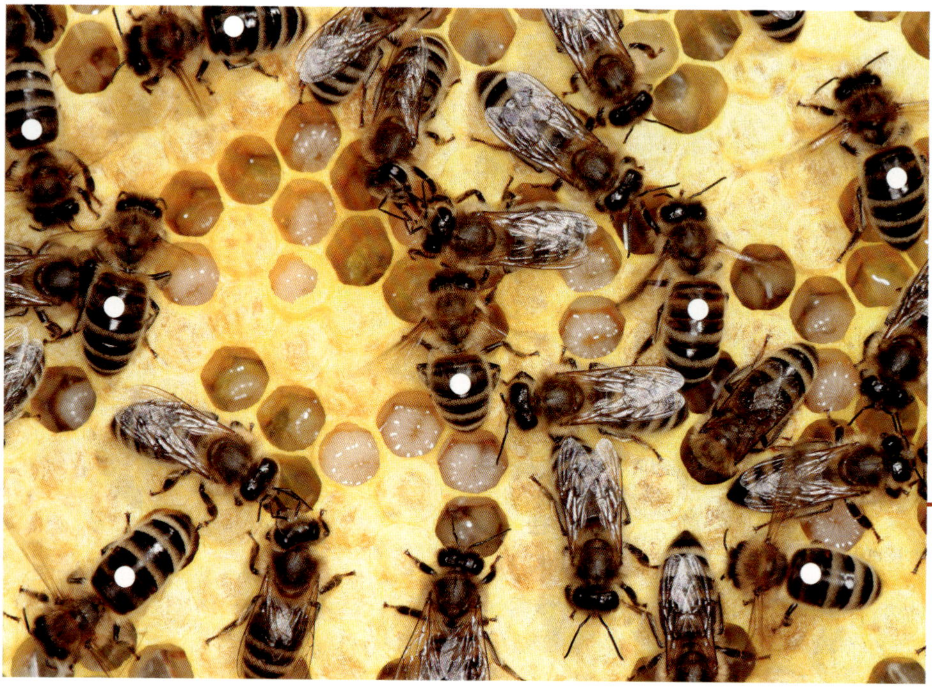

O fenômeno das abelhas

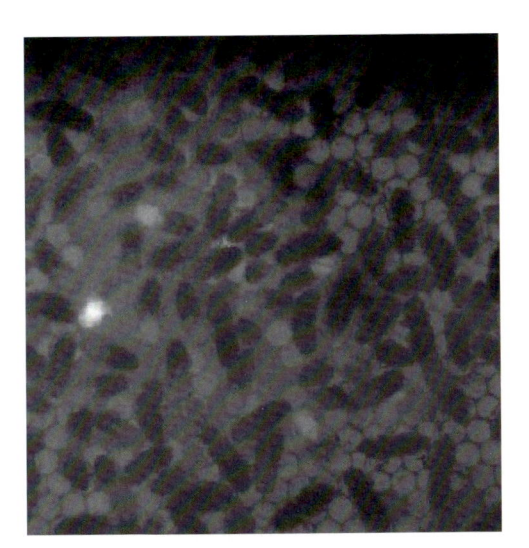

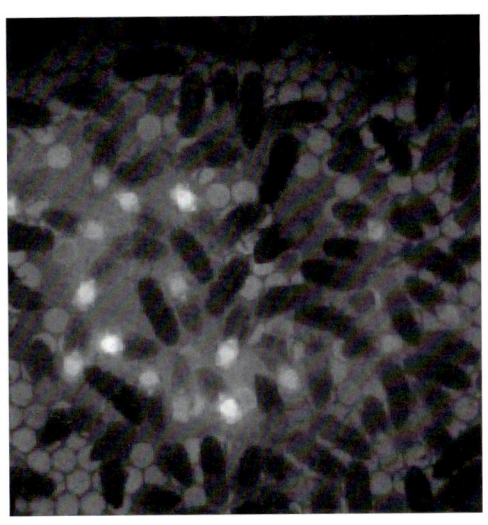

Figura 10.6 Há poucas abelhas aquecedoras em atividade, se a temperatura do ninho de crias tampado estiver um pouco abaixo da temperatura desejada (à esquerda); o número de abelhas aquecedoras ativas aumenta bastante, se a temperatura do ninho de crias estiver muito abaixo da temperatura desejada (à direita).

aquecedoras entram em ação (Figura 10.6). Por meio desses dois modos de comportamento, as abelhas podem provocar mudanças de temperatura totalmente opostas.

Porém, como a direção da mudança (esfriar ou aquecer) e o valor exato da temperatura desejada são definidos? Exatamente quantas abelhas ativadas são necessárias para corrigir a indesejada variação de temperatura?

Uma solução simples, mas muito eficiente, consiste no fato de que diferentes abelhas da colônia têm distintos limiares de resposta símbolos e sinais desencadeadores do comportamento. Assim, algumas abelhas iniciam o processo de resfriamento (movimentando as asas) já com um aumento mínimo da temperatura. Se esse primeiro grupo de abelhas conseguir conter o aquecimento, a situação fica sob controle. Se elas não conseguirem, a temperatura continua subindo, e as próximas abelhas mais sensíveis à temperatura mais elevada também iniciam o processo de resfriamento (Figura 10.5) – e assim por diante. Após isso, se a temperatura baixar, as abelhas com o limiar mais elevado (que foram as últimas a iniciar o resfriamento) são as primeiras a parar. Esse processo é altamente econômico, pois o esforço em-

Figura 10.5 Se a temperatura do ninho de crias estiver um pouco acima da temperatura desejada, há poucas abelhas ventiladoras trabalhando (acima); se a temperatura do ninho de crias for muito superior à temperatura desejada, há muitas abelhas ativas (abaixo).

pregado é exatamente ajustado ao nível de distúrbio. Portanto, a reserva inativa não consiste de um grupo homogêneo de abelhas, mas sim heterogêneo. Essa "diversificada mistura de abelhas" permite à colônia reagir sempre adequadamente a problemas novos.

O valor do limiar que desencadeia um modo de comportamento nos indivíduos é determinado parcialmente pelo genoma. Essa é uma das consequências do múltiplo acasalamento de uma rainha. Diferentes pais geram diferentes filhas com limiares comportamentais distintos e, com isso, uma faixa ampla de sensibilidades. Quanto mais ampla for essa faixa, mais preciso é o número de abelhas usadas conforme o distúrbio e mais preciso pode ser o ajuste da colônia.

Contudo, os valores do limiar para determinadas ações podem também ser influenciados pelas condições no ninho de crias. Diferentemente dos componentes genéticos, essa é uma via mais lenta de retroalimentação, cujo desenvolvimento é manipulado pelas próprias abelhas e que desempenha um papel decisivo.

A hibridização da abelhas melíferas europeias (*Apis mellifera carnica*, *A. m. ligustica* e *A. m. mellifera*), e da abelha melífera africana, *Apis mellifera scutellata*, resultou na assim chamada "abelha assassina", africanizada. Do ponto de vista comportamental, essa hibridização manifesta-se com uma falta de controle fino da resposta da colônia a um alarme. Diferentemente da íntima comunicação da dança, um alarme ante um inimigo deve ativar um número maior de integrantes da colônia, mas, igualmente aqui, ele precisa estar adequado à extensão da ameaça. Na "descarrilada" comunicação de alarme das colônias de "abelhas assassinas", observa-se uma ação de tudo ou nada. As menores quantidades de acetato de isopentila, substância de alarme liberada do ferrão das abelhas em uma ferroada, já desencadeiam uma ação coletiva da colônia para o ataque, geralmente com consequências fatais para a vítima.

Doenças como desajuste

Os distúrbios do estado homeostático, que podem acarretar problemas à abelha individualmente ou à colônia inteira, tornam-se visíveis na forma de doenças. As doenças de abelhas geralmente são causadas por patógenos ou parasitos. Como agentes, destacam-se fungos, bactérias ou vírus. A esse respeito, parasitos, como o ácaro *Varroa*, representam não somente uma ameaça direta, mas também possíveis vetores de patógenos.

As abelhas vivem muito próximas umas das outras e em contato constante entre si. Por isso não é surpresa que ao longo da evolução tenham sido desenvolvidos vários mecanismos que podem ser empregados com sucesso na defesa contra doenças.

Entre eles destaca-se o revestimento externo da abelha, a cutícula com sua fina camada de cera, que os patógenos muito dificilmente conseguem ultrapassar. Se os agentes patológicos, no entanto, superarem essa primeira barreira,

Figura 10.7 Considerando o modo adensado em que vivem na colônia, a higiene recíproca das abelhas operárias é uma precaução indispensável contra epidemias.

entra em ação o sistema imunológico das abelhas, com células de defesa na hemolinfa e que possui um mecanismo de defesa molecular natural. Esses obstáculos são também encontrados, da mesma forma ou de formas semelhantes, nos insetos solitários. Como colônia, porém, as abelhas dispõem de possibilidades não encontradas nas espécies solitárias. Essas opções referem-se, em primeiro lugar, ao comportamento das abelhas. A higiene no ninho, em especial, é alcançada e mantida por métodos comportamentais peculiares, como, por exemplo, a limpeza recíproca realizada pelas operárias (Figura 10.7).

O animal mais importante da colônia, a rainha, é submetido permanentemente à limpeza corporal pelas abelhas da corte (Figura 10.8).

Antes da postura dos ovos, o futuro berçário é minuciosamente higienizado (Figura 10.9).

Havendo casos de morte na colônia, os cadáveres são retirados o mais rápido possível (Figuras 10.10, 10.11).

As abelhas doentes são reconhecidas pelas abelhas de serviço interno e tratadas

Figura 10.8 A rainha é higienizada quase que ininterruptamente pelas suas abelhas da corte. De todos os membros da colônia, ela é a que menos pode adoecer.

com agressividade, embora ainda não esteja claro em que consiste a identificação dos componentes doentes da colônia. Possivelmente, esses animais sejam percebidos pelo seu comportamento alterado e alteração na natureza química da sua superfície corporal.

As abelhas também empregam substâncias estranhas na sua defesa contra transmissores de doenças. A própolis, re-

Figura 10.9 Uma atitude comportamental importante para a saúde da colônia é a higienização minuciosa das células vazias, nas quais a rainha colocará um ovo.

sina que as abelhas coletam nas gemas das plantas e que incorporam aos favos, tem ação antibacteriana e antifúngica. As abelhas vão às "farmácias" do mundo vegetal e lá se abastecem de medicamentos.

As doenças, no entanto, podem também influenciar o comportamento. Na Idade Média, em caso de epidemia, as pessoas abandonavam as cidades e iam para o campo – uma estratégia que barrava a propagação de doenças. Do mesmo modo, as abelhas apresentam mudanças comportamentais quando estão doentes. Infecções ou infestações de parasitos que afetam a capacidade de orientação de abelhas individualmente são fatais para esses animais. As abelhas doentes não encontram mais o caminho de volta para a colônia depois do voo de coleta; elas permanecem no campo e morrem.

Esse método de autolimpeza da colônia, contudo, pode causar problemas se o apicultor dispuser as colmeias muito próximas uma das outras; em consequência, as abelhas doentes ingressam na colmeia vizinha, por não encontrarem a sua própria (Figura 10.12). Assim, esse mecanismo, desenvolvido pela natureza

Figura 10.10 Larvas mortas ou pupas doentes são rapidamente reconhecidas e removidas do ninho.

O fenômeno das abelhas 273

Figura 10.11 Mesmo as abelhas adultas mortas no ninho desencadeiam o comportamento de limpeza nas abelhas que atuam como sepultadoras, providenciando a remoção dos cadáveres.

Figura 10.12 Por motivos práticos, as colônias de abelhas manejadas por apicultores precisam ser mantidas muito próximas umas das outras, em comparação às populações selvagens. Isso, no entanto, favorece a propagação de doenças entre as colônias.

para repelir os animais doentes, leva à propagação de doenças em colônias vizinhas. Esse problema é minimizado pelas abelhas guardiãs, mas não é solucionado por completo.

Divisão de trabalho, controle descentralizado e emergência

A divisão de trabalho é uma das receitas do sucesso de insetos sociais. Nas abelhas, essa divisão de tarefas segue uma preferência dependente da idade para a execução de determinadas tarefas. Esse sistema se torna mais evidente na atividade das abelhas velhas como "coletoras", mas é válido, em princípio, para a maioria das tarefas especiais na colônia. Nas abelhas, esse sistema de divisão de tarefas por grupos etários é altamente flexível. Se todas as abelhas jovens forem removidas de uma colônia, algumas abelhas velhas são "rejuvenescidas" e desenvolvem glândulas de alimento ativas ou mesmo, em caso de necessidade, glândulas de cera ativas. Por outro lado, se todas as abelhas velhas forem removidas, as abelhas jovens tornam-se rapidamente coletoras. Esse potencial de adaptação do sistema baseia-se em um componente genético que se expressa na criação deliberada de determinados especialistas, os quais com frequência estão representados desproporcionalmente na colônia.

A presença de especialistas não garante seu emprego exclusivo como tal em uma comunidade. As abelhas de cada idade e de cada ocupação parecem saber o que há por fazer, quando, onde e em que intensidade. A sequência das atividades dependentes da idade na vida de uma abelha representa a "matéria-prima" disponível para o cumprimento de todas as tarefas na colônia. A extensão das tarefas executadas em uma colônia e a quantidade de energia utilizada estão intimamente vinculadas, o que induz à pergunta de como as abelhas respondem tão apropriadamente às necessidades. Quem dá as ordens e quem confere o seu correto cumprimento?

A resposta parece simples, pois afinal elas têm uma rainha que comanda a colônia – pelo menos é o que sugere o termo. Todavia, nenhuma estrutura de comando por parte da rainha pode ser encontrada em uma colônia, com uma exceção: nas suas glândulas das mandíbulas uma rainha fértil produz a chamada substância real, que é distribuída por trofalaxia para todas as abelhas na colmeia e impede que os ovários das operárias se desenvolvam. Isso lhe garante, excetuando as raras posturas de ovos pelas operárias, a supremacia reprodutiva na colônia. Essa situação, no entanto, não corresponde a uma estrutura de comando no sentido de tomadas de decisão, mas sim se baseia na reação fisiológica das abelhas a um feromônio, embora o grande número de abelhas influenciadas transmita a impressão da existência de uma monarca dominante.

As colônias não têm uma organização hierárquica. O comportamento coletivo das abelhas é descentralizado. Cada abelha individual toma suas próprias decisões ou, expresso de maneira formalmente correta, ela se comporta como se tomasse decisões. As consequências

Figura 10.13 A formação de enxame das abelhas levou ao conceito de "inteligência do enxame".

dessas decisões são pequenas mudanças locais na colônia. Essas pequenas mudanças, por sua vez, são estímulos para outras abelhas que se ajustam às novas situações e tomam suas próprias decisões. O macrocomportamento perceptível da colônia resulta, então, dessas muitas pequenas decisões. Enxameação, construção de favos, uso de favos e reconhecimento do entorno do ninho constituem as formas de macrocomportamento da colônia (Figura 10.13-10.16).

Novas propriedades qualitativas, que surgem por meio das interações entre os participantes do sistema, são qualificadas como emergentes. O macrocomportamento do sistema surge como consequência emergente de muitos pequenos passos de "baixo" para "cima", e não o contrário.

As complexidades emergentes sem qualquer valor adaptativo não são, portanto, vantajosas para a colônia; elas são tão inúteis como maravilhosos padrões existentes em um cristal de neve. A seleção natural entre as colônias de abelhas assegurou que o seu macrocomportamento fosse adaptativo e, com isso, vantajoso para a colônia.

O comportamento do superorganismo parece inteligente ao observador, pois ele manifesta-se como uma solução apropriada para tarefas e problemas. Esse compor-

Figura 10.14 A construção do favo é a expressão palpável de um desempenho coletivo dos membros da colônia.

Figura 10.15 A utilização do favo é aprimorada por meio da interação recíproca entre as abelhas.

O fenômeno das abelhas

Figura 10.16 A comunicação é a base da coordenação comportamental.

tamento do superorganismo é chamado de inteligência coletiva.

O estudo da inteligência coletiva de superorganismos oferece perspectivas estimulantes não apenas aos biólogos, mas é tratada com interesse também por muitas disciplinas técnico-matemáticas e de técnicas especiais. Elementos pequenos com capacidades limitadas, que interagem com seu ambiente (ao qual também pertencem outros elementos semelhantes), através dessas microações levam a macromodelos, formando a base da "inteligência artificial" de máquinas, à qual também pertence o caso especial de "inteligência do enxame" dos sistemas artificiais.

O mundo dos computadores, com sua alta complexidade, e outras características sociais das abelhas poderiam ser considerados como um resultado da pesquisa "BEEônica" em superorganismos. De fato, porém, isso acontece muitas vezes de modo exatamente contrário: os conhecimentos de matemáticos e engenheiros que se ocupam com sistemas complexos levam os biólogos a buscar mecanismos com os quais a natureza incorporou, de modo bem-sucedido, princípios e regras formais aos superorganismos.

Abelhas não são apenas agentes fascinantes e altamente importantes do ambiente natural. Seus sistemas de controle interligados permitem também vislumbrar soluções para tarefas complexas que podem servir como modelo para a tecnologia. Esta é uma outra faceta estimulante do fenômeno abelha.

Conclusão

Perspectivas para as abelhas e o homem

O genoma da abelha (melífera) já foi totalmente sequenciado. As abelhas formam os elementos estruturais que, nas glândulas da cabeça, são misturados em geleia real (▶ Capítulo 6).

Conclusão

É atribuído a Albert Einstein (1879-1955) o seguinte pensamento: "se a abelha desaparecer da Terra, o homem terá apenas mais quatro anos para viver; sem abelhas, sem polinização, sem plantas, sem animais, sem seres humanos...". Esta sentença não pode ser considerada de maneira absoluta, mas, na sua essência, ela é verdadeira. As abelhas são indicadores de um ambiente intacto e modeladores persistentes do ambiente, cujo significado não pode ser suficientemente estimado.

- A longo prazo entendemos o quanto as abelhas são importantes para a manutenção da biodiversidade. Um campo florido está relacionado com a carne no nosso prato. A qualidade da carne bovina melhora com a presença das abelhas, pois elas garantem a diversidade vegetal no campo. Este é apenas um exemplo da ação altamente diversificada das abelhas.
- Sem abelhas em nossas latitudes*, não será possível o manejo dos recursos renováveis cada vez mais importantes. Sem abelhas, a agricultura não é sustentável.
- A saúde das abelhas é usada como indicador do estado do ambiente construído pelo homem, no qual ele também precisa viver.
- A abelha desperta e estimula o interesse das pessoas por interações biológicas complexas, de modo que um dia elas possam assumir a responsabilidade por um ambiente saudável.
- A abelha é uma fonte inesgotável, da qual podem ser desenvolvidas ideias para aplicações em tecnologia e conhecimentos sobre a organização interna de organismos biologicamente bem-sucedidos.
- As abelhas oferecem uma longa lista de possibilidades altamente relevantes à pesquisa básica na biomedicina: a investigação do seu sistema imunológico traz conhecimentos importantes para o homem. As diferenças extremas no tempo de vida de abelhas geneticamente iguais, mas expostas a condições ambientais distintas, oferecem um vasto campo para a pesquisa sobre envelhecimento. A temperatura ideal para criação de pupas de abelhas, que é muito próxima à temperatura corporal humana, suscita muitas questões interessantes.

A ecologia e a economia de muitas regiões da Terra dependem de um número abrangente e saudável de abelhas. Essa presença pode ser mantida somente se entendermos a função da colônia de abelhas a ponto de podermos protegê-la onde necessário. Para isso, é essencial uma estreita cooperação entre a pesquisa básica e a prática do apicultor.

Ao sustentar as abelhas, estamos sustentando a nós mesmos.

---

* N. de T. O autor refere-se aqui às condições latitudinais da Alemanha.

Referências

Literatura

Barth FG (1982) Biologie einer Begegnung: Die Partnerschaft der Insekten und Blumen. Deutsche Verlags-Anstalt, Stuttgart

Bonner JT (1993) Life cycles. Reflections of an evolutionary biologist. Princeton University Press, Princeton

Camazine S, Deneubourg JL, Franks NR, Sneyd J, Theraulaz G, Bonabeau E (2001) Self-organization in biological systems. Princeton University Press, Princeton Oxford

Dawkins R (1982) The extended phenotype. Oxford University Press, Oxford

Frisch Kv (1965) Tanzsprache und Orientierung der Bienen. Springer, Berlin Heidelberg New York

Frisch Kv, Lindauer M (1993) Aus dem Leben der Bienen. Springer, Berlin Heidelberg New York

Gadagkar R (1997) Survival strategies. Cooperation and conflict in animal so cieties. Harvard University Press, Cambridge Mass.

Johnson S (2002) Emergence. The connected lives of ants, brains, cities, and software. Simon & Schuster, New York London

Lewontin R (2001) The triple helix. Harvard University Press, Cambridge Mass.

Lindauer M (1975) Verständigung im Bienenstaat. G. Fischer, Stuttgart

Maynard Smith JM, Szathmary E (1995) The major transitions in evolution. Oxford university press, Oxford

Michener CD (1974) The social behavior of the bees. Belknap Press of HUP, Cambridge Mass.

Moritz RFA, Southwick EE (1992) Bees as superorganisms. An evolutionary reality. Springer, Berlin Heidelberg New York

Nitschmann J, Hüsing OJ (2002) Lexikon der Bienenkunde. Tosa, Wien

Nowottnick C (2004) Die Honigbiene. Die neue Brehm-Bücherei. Westarp Wissenschaften, Magdeburg

Ruttner F (1992) Naturgeschichte der Ho nig bienen. Ehrenwirth, München

Seeley, TD (1995) The wisdom of the hive. The social physiology of honey bee colonies. Harvard University Press, Cambridge Mass. [deutsch (1997): Honigbienen. Im Mikrokosmos des Bienenstocks. Birkhäuser, Basel Boston Berlin]

Seeley TD (1985) Honeybee ecology. Princeton University Press, Princeton

Turner JS (2000) The extended organism. The physiology of animal-built structures. Harvard University Press, Cambridge Mass.

Wenner AM, Wells PH (1990) Anatomy of a controversy: The question of a dance „language" among bees, Columbia University Press, New York

Wilson EO (1971) The insect societies. Harvard University Press, Cambridge Mass.

Winston M (1987) The biology of the honey bee. Harvard University Press, Cambridge Mass.

Leituras Recomendadas

Brigitte Bujok, BEEgroup: Steckbrief 26, 1.1, 8.5, 10.6
Brigitte Bujok, Helga Heilmann, BEEgroup: 4.16, 4.17, 4.18, 4.19, 4.20, 4.21, 4.23
Marco Kleinhenz, BEEgroup: 4.22, 8.12
Marco Kleinhenz, Brigitte Bujok, Jürgen Tautz, BEEgroup: 3.3
Barrett Klein, BEEgroup: 7.16
Axel Brockmann, Helga Heilmann, BEEgroup: 4.9
Mario Pahl, BEEgroup: 4.11
Rosemarie Müller-Tautz: 4.3, 4.7 below
Thermovision Erlangen und BEEgroup: Eröffnung Kap. 8, I. 4, 8.2
Jürgen Tautz, BEEgroup: 5.6 top
Olaf Gimple, BEEgroup: 6.15, 6.16 links
Rainer Wolf, Biozentrum Universität Würzburg: 4.5
Fachzentrum Bienen, LWG Veitshöchheim und Helga Heilmann: 4.7. oben

Índice

Os números em itálico referem-se a figuras.

A

Abelha (melífera)
   sem ferrão 48, 51-52, 107-108
   tropical 235
Abelha africanizada 267-268
Abelha assassina 267-268
Abelha coletora 71, 73, 75
Abelha exploradora 54, *205-206*, 206, 208
Abelha guardiã 202-203s, 239, 248
Abelha operária 233
Abelhas aquecedoras 16, 217ss, *217ss, 223-225, 227*
Abelhas carros-tanque 225, 227
Abelhas construtoras *182-183*
Abelhas da corte *34*, 142-143
Abelhas de atividade externa 76-77, 102
Abelhas de inverno 239, 241
Abelhas de verão 239, 241
Abelhas "exploradoras" 205-206
Abelhas mentirosas 109-110
Abelhas nutrizes 150, 159
Abelhas-observadoras 102
Abelhas sepultadoras *273*
Ácaro *Varroa* 267-268
Acasalamento
   múltiplo 254
   normal 136, 138
Acetato de isopentila 190
Ácidos nucleicos 40
Adaptação 258
Agentes 258
Agricultura 282-283
Ajuda de pouso 99-100
Alelo 245

Ambiente 18-20, 166, 214, 239, 241
Ambiente moldado 214
Analogia 18-20
Animais frugívoros 86
Animal doméstico 21, *36*
Animal sexuado 44
Antena 91-92, *92, 112-113*, 201-202, 225, 227
Aprendizado 82
Ar
   corrente 232
   movimento 92
   umidade 92
Arco-íris *86*
Áreas das pétalas 89
Arejadoras *237*
Aristóteles 44-45
Armação de madeira 198-199
Aromas 91-93
Arquitetura do favo 139-140
"Assobio" 141-142
Atividade intensa de colheita 76-77
Auto-organização 175, 177, 190-191, 258

B

Bactérias 40-41
Barulho 199-200
BEEônica 278-279
Bernard, C. 166
Biologia organicista 258-259, 283
Bordas das células *114-115s*, 193, 195, 199-200, *200-201*
Bússola solar *106*

C

Cadeias vivas *172, 174*
Caldo primitivo 44
Câmera infravermelha 217
Campo magnético terrestre 175, 177
Cannon, W. B. 18-20
Capacidade coletora 77-78
Capacidade de aprendizado 17
Capacidade de orientação 270-271
Capacidades cognitivas 17, 93, 95-96
Castas de abelhas 161
Cavidade do ninho 205-206
Cegueira à cores 88
Célula de criação emergencial *57-58*
Células
   pulsantes 200-201
   vazias 220-221
Células das operárias *141-142, 186-187*
Células de emergência 143, 147
Células de pupas 232
Células do favo, margens das 113-114
Células especiais 15, *33, 51-52,* 139-140, *155*
Células quimiossensoriais 250
Cera 166-167, 201-202
   escamas *169, 171*
   espelho 166-167
   glândulas 166-167, *167-168*
   moléculas 181
   produção 168-169
   temperatura 196-197

Índice

Cestos de pólen *24*, 70-71, 130-131, 190-191
Ciclo de vida 53, 55-57
Climatização do ninho 214, 259-260
Clone 40
"Coaxar" 141-142
Codificação da direção 107-108
Coevolução 65-66, 69-70, 76-77
Coletora de água *230*
Colmeias 90
Colônia de abelhas 14
Colônia-filha 49, 51-53, 55-56, 58-59
Colônias transparentes 76-77
Combustível 224-225
Comb-wide-web 195, *198*
Competição 128-129
Competição de espermatozoides 128
Complexidade 40-41s
Comportamento coletivo 274-275
Comportamento de aquecimento 261-262
Comportamento de enxames pequenos 119-121
Comportamento de limpeza 251, *273*
Comportamento do enxame 119-121
Comunicação 82, 102, 191, 193, 239, 258
Comunicação 239
Comunicação da dança 100, 260-261
Comunicação vibratória 140-141, 198-199
Condições ambientais 161-162
Conflito 247
Conhecimento prévio 82
Constância floral 93, 94, 97
Construção do favo 166, 169, 171, *239*, *241*, 259-260
Consumo energético 109-110
Conteúdo de energia 224-225
Continuidade das flores 94
Convergência 258
Cooperação 18-19
Cópia 40-41, 247
Cópula 40
Cor 82, 85, 93
Corrente de ventiladores *231*
Corte 239, *269-270*

Criação emergencial 57-58
Cromossomo 245
Cuidado com a cria *31*, 49, 51
Cuidado das crias 253
Cutícula 268-269

D

Damas de companhia 130-131
Dança
 em círculo 107-108
 intensa 110, 112
 muda 113-114
Dança de vibração 264-265
Dançarina 102-103, 106, 199-200
Dançarina imitadora 102-103, 106, 112-113
Darwin, C. 49, 51, 56-57, 65-66, 244
Dawkins, R. 246
Defensina 161-163
Denso aglomerado 35, 233
Depósitos 225, 227
Descendentes 18, 49, 51, 244
Desempenho de postura 150
Dialetos 110, 112
Direção da fonte de alimento 112-113
Direção de referência 106-107
Distância de voo 73, 75
Diversidade de espécies 65-66
Diversidade vegetal 282-283
Divisão da força de trabalho 75-76
Divisão do trabalho 40-41, 271, 274
Doenças de abelhas 267-268
Duração da geração 53, 55

E

Ecossistema 282-283
Einstein, A. 282-283
Elementos de regulagem 259-260
Eliminação dos ovos 251
Embriões 41-42
Emergência 258, 274-275
Energia 59-60
Energia calorífica 233
Enxame (em forma de cacho) 52-53, 206, 208, 210
Enxame 35, 54, 205-206
Enxame primário 49, 51, 140-141

Enxame secundário 49, 51, 140-141
Enzima 40, 201-202
Equilíbrio 258-259
Escamas 167-168
Escaravelhos-das-rosas 66-67
Espermateca 128
Espermatozoides 128
Estabelecimento do ninho 253
Estados de sono 73, 75
Estágio larval 159
Estigmergia 171-172
Estofos de pelos sensoriais 174-175
Estrado de fecundação 136, 138
Estratégia de aquecimento 223-224
Estudos comportamentais minuciosos 236
Eussocialidade 253
Evitação da endogamia 128
Evolução 18, 40, 48, 166, 258
Experimentos de adestramento 250
Exploração de recursos 75-76

F

Falo 128-129, *129-130, 134, 136*
Fatores ambientais 18
Favo 166
 funções 185-186
Fenótipo 40-41, 253
Feromônio 190
Ferrão venenoso 186-187
Ferrão, aparelho 190
Figura da dança 106-107
Fisiologia 18-19, 166
Fisiologia social 18-19, 166-167, 190-191, 253, 259-260
Flores 82, 91-92
Fluxo óptico 107-108s
Força da gravidade *106-107*, 107-108, 175, 177
Forma 93
Frequências de vibrações 195-196
Frisch, K. Von 100, 102, 106-107, 117-118, 193, 195

G

Galilei, G. 174-175
Gametas 124

Geleia real *153*, 159, 161ss
Geleia real 15, 150, 159s
Gene 53, 55
Gene egoísta 246
Generalistas 69-70
Genoma 124, 239, 241, 280
Geometria do favo 172, 174
Geração 53, 55
Geraniol 98-99, 117-118
Glândula da mandíbula 128-129, 159, 168-169, 271, 274
Glândula de veneno 186-187
Glândulas da hipofaringe 159
Glândulas de Nasanov 98-99, *99-100*, 117-118, 206, 208
Glândulas de néctar 97
Glândulas salivares 185-186
Grasse, P. P. 171-172
Grupo das imitadoras 118-119
Grupos de abelhas dormindo 74

H

Hamilton, W. D. 245
Haplodiploidia 246, 251, 253
Higiene 268-269
Higiene do ninho 259-260
Himenópteros 44, 246
Hodômetro visual 107-108
Holland, J. H. 258
Homeodinâmica 258-259
Homoestasia 18-19, 166s, 258-259
Hormônio juvenil 239
Huxley, T. H. 253

I

Identidade genética 57-58
Imagem em infravermelho *67, 69*
Imunidade 161-162
Indicação de distância 112-113
Indivíduos de reserva 261-262
Infecções 204-205
Insetos 66-67
Insetos polinizadores 67, 69
Instância de controle 40
Integrante da colônia 248
Inteligência do enxame 275, 278
Irmãs totais 247s
Isolamento 229
Isolamento de calor 219-220

J

Joule 225, 227
Jovem rainha 124, 128s, 130-131, 140-141

K

Kepler, J. 174-175

L

Laboriosas abelhas 73, 75
Larvas 150, *152s, 154*, 159, *162-163, 222*
Limiar comportamental 267-268
Limpeza *268-271*
Lindauer, M. 229
Linguagem da dança 32, 102
Linha gamética *41-42*, 56-57
Locais de alimento atrativos 110, 112
Locais de nidificação 206, 208
Losangos 182-183
Luz ultravioleta 87s, 99-100

M

Malecot, G. 246
Mamangavas 65-66, 77-78, *130-131*
Mamífero 14
Matéria 59-60
Material hereditário 40
Matriz composta 197-198
Maturana, H. 258-259
Maynard Schmith, J. 245
Mecanismo de distribuição descentralizado, auto-organizado 76-77
Mehring, J. 14
Meia-irmã 202-203, 247
Mel 185-186
  bolsa *24*
  consumo 261-262
  produção 79
  reservas 225, 227
Mensagens incertas 115-117
Metamorfose 236
Microchip 262-263
Modelo cristalizado 254
Modelo de polarização 98-99, 106-107
Mortalidade 41-42
Morte 41-42, 56-57

Multiplicidade de acasalamento 250, 267-268
Mumificação 205-206
Musculatura de voo 113-114, 216-217
Mutação 40, 48

N

Néctar 66-67, 69-70, 185-186, *186-187*
Ninho de crias 185-186, *215, 222ss, 232, 260-261, 265, 267*
  climatização 224-225
  temperatura 213, 233, 264-265
Nuvens de abelhas 131-133

O

Ocelos *84*
Odor de rainhas 142-143
Oferta de recursos 119-121
Olfato 85
Olhos compostos *84*, 85
Opérculo 217
Organismos multicelulares 41-42
Órgãos sensores da gravidade 113-114
Órgãos sensoriais 82
Orientação 98-99, 201-202
Ovos *152, 220-221, 253*

P

Pacotes de pólen 69-70
Padrão de movimento das antenas 113-114
Padrão vibratório *115-116*, 199-200
Pappus de Alexandria 183, 185
Parasitos 267-268
Parentesco genético 246, 251
Patógenos 204-205, 267-268s
Percepção 83
Percepção de movimento *91-92*
Perda de calor 219-220, 229
Período longo de observação 76-77
Perturbações 199-200
Pesquisa básica biomédica 282-283
Plantas floríferas 59-60, 65-66s
Plasticidade 159, 167-168, 236, 258
Poder de aprendizado 93

Índice

Pólen 65-66, 69-70, 185-186, *186-187, 237*
Polinização pelo vento 69-70
Polinizador 67, 69
Pontos de referência 98-99
Pool gênico 49, 51, 147
População 49, 51, 245
Postura dos ovos *150*
Potencial de conflito 250
Pousos em série 115-117, *117-118*
Prática dos apicultores 198-199
Pré-adaptação 216-217, 233
Processo de formação autorregulado 191, 193
Processos reguladores 258-259
Própolis *28*, 77-78, *78-79*, 183, 185, 196-197, *204-205*, 210-211, 270-271
Protuberância das células 114-115
Pulsos curtos 195-196
Pulsos vibratórios 52-53
Pupas *236*

Q

Química da superfície de dança 113-114

R

Raças de abelhas 110, 112
Rainha *27*, 48, *139-140*, 233, 271, 274
Rainha substituta 143, 147
Reações 214
Rede de comunicação 191, 193
Rede de telefonia 195-196
Regime térmico 235
Regulagem 259-260
Remnant, R. A. 181-182
Reprodução 48
Requebrado
  caminhar em 102-103
  dança de 102-103, 107-108, 205-206
  estado de 102-103
  fase de 107-110, 115-116, 195-196
  figura da dança 106

Reserva de memória 191, 193
Reservatório 69-70
Resfriamento por evaporação 229
Resistência a doença 254
Retroalimentação 18-19, 258-261
Revolução silenciosa 142-143
RFID-Chip 76-77, *77-78*, 262-263

S

Seeley, T. D. 261-262
Seleção de grupo 244
Seleção de parentesco 245, 253
Seleção 18, 244
Sentido da dança 92
Sentido da temperatura *92*
Sentido temporal 100
Seres vivos
  multicelular 40-41
  unicelular 40-41
Sexo 48, 56-57, 124ss
Sinal de acasalamento 128-129, *129-130, 134, 136*
Sistema adaptativo complexo 258
Sistema de polinização 66-67
Sistema imunológico 268-269, 282-283
Sistema nervoso 236
Sistemas de controle 259-260, 264-265
Situação de sinal-rumorejo 114-115
Sprengel, C. C. 65-66
Suco nutritivo 15, 55-56
Superaquecimento 229
Superfície de dança 106, 113-114, 203-206
Superorganismo 14, 41-42, 44, 166, 244, 253
  de topo 44
Suscetibilidade a doença xii

T

Taxa de multiplicação 15, 18
Temperatura corporal 69-70
Temperatura de transição 181-182
Temperatura desejada 224-225

Tempo de vida 239, 241, 282-283
Teoria da evolução 244
Tom de "pio" 208, 210
Transformação completa 150
Trofalaxia *225, 227*

U

Útero social 16, 220-221

V

Vácuos de ar 118-119
Valor de medida 260-261
Valor do limiar 267-268
Varela, F. 258-259
Velocidade de voo 89
Vertebrados 14
Vespas *130-131, 175, 177, 181*
Vetor *106-107*
Vias dos favos 175, 177, 181
Vibração dos músculos 216-217
Vibrações 193, 195, *200-201*
Vibrações do favo 113-116
Vibrometria a *laser* 193, 195
Visão 85, 91-92
Voo de coleta 224-225, 263-264
Voo nupcial 124, 138-139, 250
Voos de orientação 98-99, 131-133s
Voos de prelúdio 131-133s
"Voos de zumbido" 117-118, 206, 208
Voos em grupo 138-139

W

Watt 225, 227
Wheeler, W. M. 14

Z

Zangões 48, 124
  batalhas 125
  células *141-142, 186-187*
  locais de concentração 125
Zumbido ao fundo 114-115